圖鉴

THE PATTERN OF FURNISHINGS

图鉴

明清家具式样

共勉 编著

全国百佳图书出版单位

ARTTIME
时代出版
时代出版传媒股份有限公司
黄 山 书 社

图书在版编目(CIP) 数据

明清家具式样图鉴 / 共勉编著. -- 合肥：黄山书社, 2013.12
ISBN 978-7-5461-3992-0

Ⅰ. ①明… Ⅱ. ①共… Ⅲ. ①家具—中国—明清时代—图集
Ⅳ. ①TS666.204-64

中国版本图书馆CIP数据核字(2013)第288597号

明清家具式样图鉴
MING QING JIA JU SHI YANG TU JIAN

共 勉 编著

出 版 人：任耕耘
策　 划：任耕耘　蒋一谈
责任编辑：侯 雷 李 南
责任印制：戚 帅 李 磊　　　　　　　　　　　　　装帧设计：商子庄

出版发行：时代出版传媒股份有限公司（http://www.press-mart.com ）
　　　　　黄山书社（http://www.hsbook.cn ）
　　　　　官方直营书店网址（http://hsssbook.taobao.com ）
　　　　　营销部电话：0551—63533762 63533768
　　　　　（合肥市政务文化新区翡翠路1118号出版传媒广场7层　邮编：230071）
经　 销：新华书店
印　 刷：合肥精艺印刷有限公司

开本：710×875　1/16	印张：11.5	字数：148千字
版次：2014年5月第1版	印次：2014年5月第1次印刷	
书号：ISBN 978-7-5461-3992-0		定价：48.00元

前言

　　家具是人类生活的用具，有着悠久的历史。我国古人的居坐方式在几千年的发展中，经历了由席地而坐向垂足而坐的漫长转变，传统家具的式样也因此发生了很大变化。正是因为多民族的融合和中外民族文化的交流，才形成了独具特色的中式家具。明代中期兴起和流行的硬木家具是中国古典家具的代表。

　　由于历史的原因，家具的文化特性一直没有引起人们的重视，因而有关家具的记载很少。无论是中国还是外国，都有收藏艺术品的传统，但是收藏家具的人却很少。即便是在硬木家具盛行的明清时期，虽然大家都承认硬木家具是很名贵的，也很喜欢，却没有人把硬木家具当做一种艺术收藏品来看待。

　　把家具作为艺术收藏品始于18世纪英国家具设计师齐彭代尔。他在收藏家具的基础上，借鉴明代家具为英国王室设计了一套宫廷家具。这套家具在当时引起了轰动，并由此引发了欧洲人对中国硬木家具的关注和喜爱。但家具收藏是从20世纪20年代开始的。当时有一些欧洲人来中国旅游，对古玩店中的明清硬木家具产生了浓厚的兴趣。他们买了不少，运回欧洲。从20世纪80年代起，我国一些具有前瞻眼光的人士开始重视古代硬木家具的收藏。在他们的倡导下，中国古代硬木家具的艺术价值和文化价值才逐渐得到全社会的认可。家具是物质的创造成果，与人们的物质文化生活密切相关，是社会物质文化的重要组成部分。家具发展的进程也反映了一个国家、一个民族的历史特点和文化特点。

　　本书侧重从家具的品类式样出发，对中国古代家具的沿革和发展作了一次历史性的回顾，并重点介绍了中国明清时期的硬木家具。希望读者们能够喜欢这本书。

目 录

CONTENTS

目 录

CONTENTS

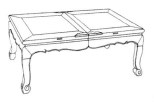

目 录

目 录

》家具工艺基本常识

　　家具是由各种结构性部件，按照一定的工艺要求组合而成的。这些结构性部件有特定的名称，也有各自的用途，制作时也有特定的要求。了解家具，当从这些基本常识开始。从一定的意义上讲，家具的制作工艺，其实就是家具风格、特点的集中体现，也是家具风格、特点形成的原因。例如，明代椅子的坐面都以棕和藤皮编成，在边抹上穿孔装镶，扶手和直枨交接处有一简朴的托角牙子。这样做不仅美观，也使家具的舒适度大大增强。又如明式家具和清式家具在制作风格上的明显区别是榫卯制作。明式家具较合乎规矩，精密严谨，不易散架，而清式家具往往一脱胶便全部散架。所以，掌握了这些基本的常识，实际上也就掌握了评价家具工艺优劣的基础知识，对家具的理解也就深刻得多了。

＞硬木家具的器形结构

家具是由各种结构性部件组合而成的。了解家具，当从结构性部件开始。

明式硬木家具的器形结构可分为如下几种：

◇ 四柱框架式

以四柱为基础，连接横枨，形成框架，再安上面板。制作床榻、桌凳等家具时多用此法。

◆ 藤面方凳（清代 榉木）

◇ 几形结构

一般由三块板直交而成。制作"几"类家具时通常采用这种结构。

◆ 清式花几（现代）

◇ 侧山连接式

先将家具的两个侧山做好，再用横枨相连。制作橱柜、案几等家具时多用此法。

◇ 侧腿结构

指案子、条凳等家具的腿与面板的结构方式。一般都是先将两条腿与横枨组装起来，形成一个独立的框形结构单元。由于安装时，这个框形结构单元是侧身与面板装配在一起的，所以叫"侧腿"。如果这个框形结构单元是上小下大的梯形，又与面板是垂直相交，则叫"骑马挓"（两腿分别外撇，又叫"外挓"）。如果这个框形结构单元是上小下大的梯形，又与面板是斜交（略为外撇），则叫"四腿八挓"。

◆ 圆腿茶几（近代 红木）

◆ 明式亮格柜（近代）

＞ 硬木家具的结构部件

◇ 面板

　　大多数家具都有面板，如桌面、案面、凳面、椅面等，一般用于承重放物。另外，柜子的柜门、侧山等结构性部件，虽不用于承重放物，但制作工艺也与面板相同，故一并介绍。

　　家具一般不采用较厚的独木板制作面板，因为这样做既费材料、又易变形。大多数都采用"攒边框装板心"的方法来制作，即用四根规格相同的木条组成了一个方框。用于竖直方向的木条叫"大边"，用于水平方向的木条叫"抹头"，"大边"与"抹头"的两端均采用45°角的对肩榫连接，组成了一个方框。在"大边"和"抹头"的内侧，预先刨出一个小槽，将拼好的板心的"舌簧"部分插进槽内，

镶平面

板心与边抹攒合时处在同一水平面上，俗称"镶平面"。明清家具中的桌子、几案等多采用镶平面。

◆ 清式方桌（现代）

◆ 方脚柜（现代）

落塘面

将心板嵌入由边抹围成的框架时，有意使板面低于框架。这种做法常用于柜子的门和侧山。

冰盘沿

指面板侧边的形状。面板是由"大边"和"抹头"榫接而成的，面板侧面常被加工成各种柔美的形状，叫"冰盘沿"。"冰盘沿"有许多种。

◆ 雕葡萄翘头几（清代 红木）

以便与木框构成了一个完整的平面。为了增加木框的强度和防止板心变形，在两条"大边"之间和面板心之下还加有一两条"穿带"。

嵌板心有三种不同的装法：镶平面、"落膛踩鼓"、落塘面。

"落膛踩鼓"是将要装入的面板四周减薄，让中间高起约0.5厘米，然后嵌装在边抹围成的框架中。由于面板的中部略微鼓起，在南方称其为"起兜肚"。

◇ 束腰

束腰是指在家具的面沿下做一道向内收缩、长度小于面沿和牙条的腰线。束腰原本是佛教建筑中须弥座的上枭与下枭之间的部位。须弥座是象征佛祖所居住的须弥山，有辟邪和吉祥如意的寓意。魏晋南北朝时期，须弥座作为基座的一种式样被

◆ 佛龛（清代 红木）

◆ 清式雕花小神龛（现代）

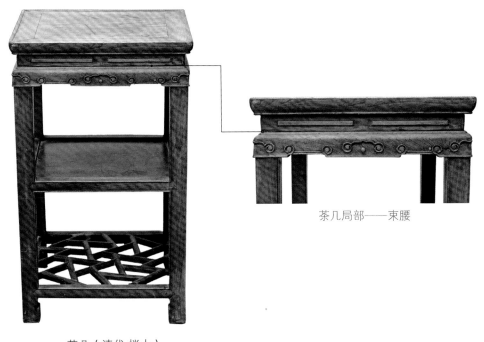

茶几局部——束腰

◆ 茶几（清代 榉木）

广泛用于神龛、坛、台、塔、幢及等级较高的建筑物之上。座身由许多条凹凸、宽窄不一的水平线脚组成，并雕有各种纹样，如卷草、莲瓣、掐珠、壶门、动物、云水纹等，具有很强的装饰性。束腰的家具最早出现在魏晋南北朝时期，历代不断，至明清时更加流行，广泛用于床、桌、凳、几、椅、柜等家具的面板与支撑框架之间。从家具的结构来看，束腰不仅使面板显得厚实又富有变化，具有显著的装饰功能，还能增强面板和支撑框架的牢固度。因此有人认为束腰家具是我国传统家具造型风格之一。直至今天，束腰仍是家具的造型手法之一。

◇ 托腮

位于束腰与牙子之间的一根木条，常做成挺括的线脚，具有装饰和加固束腰的功能。有的与牙子同木连做，有的分做。"托腮"是北方的叫法，南方称"迭刹"。

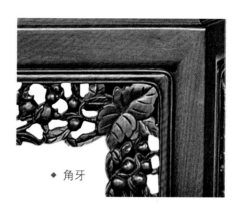

◆ 角牙

◇ 牙板

又称"牙条"、"牙子"，一般由薄于边框的木板制成，安装在家具前面及两侧框架的边沿，具有装饰和加固作用。牙板有素牙板（无雕刻花纹）与花牙板（有雕刻花纹）之分。花牙板上雕有云纹、回纹、如意纹等。有些牙板因安装部位特殊而有专名。如：

脚牙：指安装在管脚枨下面的小牙条。

角牙：指安装在边框角部的短牙条。其中，在家具下部垂直安装者，叫"站牙"；在家具靠上部位垂挂安装者，叫"挂牙"；呈倾斜状安装者，叫"披水牙"。

券口牙子：在大边与抹头组成的方框内侧，一般会安装四根牙条，

◆ 花牙板

◆ 壶形站牙

主要起加固边框的作用，同时也有很好的装饰效果。由于这种牙条常制成不同形状，故又有方口、圆口、海棠券口、壶门券口等式样。其中，壶门券口是因为券口牙子的形状像汉代石刻中宫廷中的"壶门"而得名。

壶形站牙：屏架类家具用来固定立柱的牙子，因其形状像葫芦而得名。

◇ 枨

南方称"档"，一般指除大边、抹头之外起加固作用的小木条，有多种形式，是家具的重要构件之一。

横枨：是一根用料较小的直木条，水平安装在桌、案、凳、椅的腿足之间。有的用一根，叫单枨；有的用两根，叫双枨。有的"横枨"有专名，如"管脚枨"

◆ 黄花梨木罗锅枨石面方桌（明代）

◆ 明式裹腿枨小桌（现代）

是专指安装在椅、凳四条腿下部的枨。有些横枨的安装较特别，如有些木制桌、椅为了仿效藤竹家具的装饰风格，采用"裹腿做"的方式，即将横枨端头出榫后，按腿形截割，在腿外部分别包住腿足而又相交的做法。

罗锅枨：是一种中间部位向上凸起的曲形横枨，具有线条美，常与矮老与卡子花搭配。

霸王枨：是一种不用横枨加固腿足的榫卯结构，主要用于方桌、方凳。制作造型清秀的桌子时，如嫌四条横枨碍事，但又要兼顾桌子牢固，就要采用霸王枨。霸王枨上端与桌面的穿带相接，用销钉固定，下端与腿足相接（位置在本来应放横枨处的里侧）。枨子下端的榫头为半个银锭形，腿足上的榫眼是下大上小。装配时，将霸王枨的榫头从腿足上榫眼插入，向上一拉，便勾挂住了，再用木楔将霸王枨固定住。

◆ 霸王枨小方桌（明代 榉木）

◇ 矮老和卡子花

矮老：是明清家具的装饰构件，专指桌案、凳椅、床榻等家具的牙条与横枨之间起支撑作用的小立枨，因其通常都不高，故名。矮老的外形要与家具风格保持一致，可单件使用，也可几件为一组。另外，在落地博古架与橱柜的腰间或底部，也有装配矮老的。

◆ 竹节单靠椅（清代 红木）

◆ 卡子花

◆ 卡子花

◆ 矮老

◆ 卡子花

卡子花：是一种图案化的矮老，常被雕刻成方胜、卷草、云头、玉璧、铜钱、花卉、双套环等形状。卡子花既能起到"矮老"加固作用，又有较强的装饰作用，是明式家具重要的装饰构件。

◇ 腿式

腿式是指家具腿的式样。腿式有方形直腿、圆柱直腿、扁圆腿、三弯如意腿、竹节腿等。有的腿式在中部有束腰，有的还雕刻凸出的花形或兽首。腿式对家具的造型影响较大。

三弯腿：为明清家具常用腿式之一。家具腿用料一般是圆形或方形，但有将脚柱上段与下段过渡处向里挖成弯曲状的。这种腿又大多有凸起的或外翻的脚头，故名。

螳螂腿：清式家具常用腿式之一。腿足上粗下细，呈"S"形。人们认为其形似细长的螳螂足，故名。

彭牙鼓腿：指有束腰的家具所采用的一种结构方式，即束腰以下，腿子和牙子都向外鼓出的做法，叫"彭牙鼓腿"。这种结构方式的优点是能以木材自身形状的变化来加强材质、肌理的表现力。

一腿三牙：桌子腿与牙子的一种组合方式，即桌子的四条腿中的任何一条都和三个牙子相接，故名"一腿三牙"。三个牙子即两侧的两根长牙条和桌角的一块角牙。

◆ 雕狮三弯腿圆凳（清代 红木）

◇ 足

足是家具腿着地之处，有兽爪、如意头、卷叶、踏珠、马蹄足等式样。

马蹄足：又叫"翻马蹄"，是从腿部到足部呈弧线的式样。向内翻者叫"翻马蹄"，向外翻者叫"外翻马蹄"。

另外，还有镶铜足、铜套足等方法，既可以防潮防腐，也有很好的装饰作用。

◆ 彭牙鼓腿式圆形绣墩（清代）

◆ 兽爪足方凳（近代）

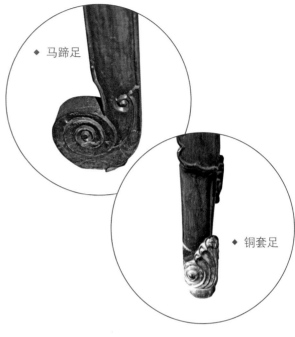

◆ 马蹄足

◆ 铜套足

◆ 清式圆形带托泥三弯腿香几（现代）

◇ 托泥

托泥位于家具足部之下，有圆形、条形、方框形等样式。因其作用是将家具足部托起，使之不直接接触地面，故叫托泥。做工讲究的托泥下面还有小底足，俗称"龟足"。托泥使家具显得庄严厚重、精致考究。托泥和束腰一样，也是明清家具的造型手法之一。常见带托泥的家具有香几、案几、桌、坐墩、绣墩、扶手椅、画案等。

◇ 搭脑

　　搭脑指高靠背椅子顶端的横挡，因人坐在椅子上时，后脑勺正好可以靠在上面而得名。搭脑是高靠背的椅子才有的结构部件，在椅子造型和装饰方面起着很重要的作用。可以说，椅子的式样与搭脑的形状关系甚大。搭脑有三种类型：第一种搭脑与椅子后立柱、扶手保持相同的造型风格，如南官帽椅、玫瑰椅等；第二种搭脑是中间加厚型，如太师椅的搭脑；第三种搭脑是花色型，一般多雕刻成吉祥物的形式，如洋花椅等。搭脑做工的优劣，与椅子的身价密切相关。

搭脑

◆ 紫檀木广式扶手椅（清代）

＞家具的榫卯结构

硬木家具在制作工艺上有几条要求：一是家具表面上不允许露出木材的横断面；二是木料之间的连接不允许使用钉子，不能看见透榫（个别例外）；三是所有拼缝、接缝要紧密，不允许露缝；四是器表光洁，露木纹，显木质，不允许刮腻子。

家具的榫卯结构是家具各个部件之间的连接方式，大体上可分为以下四类：

第一类是面板连接。面板是一个面的构成，即用大边、抹头围成一个方框，然后在框内嵌薄木板。一般要采用"龙凤榫加穿带"工艺，即将数块薄木板拼成大板，再"攒边打槽装板"，即用对肩榫将大边和抹头组成一个方框，然后将板心嵌入。圆形式、海棠式、梅花式等面板，也是用多块木料"攒边打槽装板"。

第二类是面与面之间的连接，可以是两个面的连接，可以是两个边的拼合，还可以是面板与边的接合。常用的有槽口榫、企口榫、燕尾榫、穿带榫、札榫等。

第三类是点的连接，横、竖材的丁字结合、成角结合、交叉结合、木材与弧形材的伸延结合。常用格肩榫、双榫、双夹榫、勾挂榫、楔钉榫、半榫等。

第四类是将三个构件组合在一起，构成三个平面的直角相交的结构方法。除因地制宜地使用上述榫卯外，还要采用一些很复杂和特殊的榫卯结构，如常用托角榫、长短榫、抱肩榫、粽角榫等。

据统计，明式硬木家具榫卯结合的种类有近百种，常见的有格角榫、托角榫、粽角榫、燕尾榫、夹头榫、抱肩榫、龙凤榫、楔钉榫、插肩榫、围栏榫、套榫、挂榫、半榫与札榫等。这些榫卯用于家具的不同部位，确保硬木家具的框架结构的美观性和牢固性。由于这些榫卯结构设计得非常科学，每一个榫头和卯眼都有明确的固定锁紧功能，能在整体装配时发挥作用。故只要做工非常准确精细，略施一些鳔胶，家具就非常结实牢固，而且在家具的外表上根本看不见木材的横断面，只有凭借木材的纹理，方可看到榫卯的接缝。这些工艺精巧的榫卯结构，构成了明式家具的工艺特色。

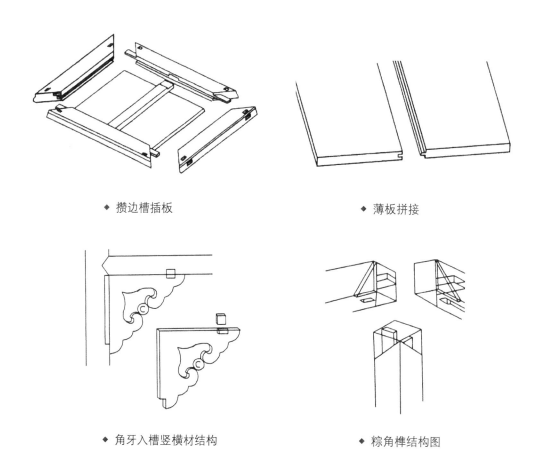

◆ 攒边槽插板

◆ 薄板拼接

◆ 角牙入槽竖横材结构

◆ 粽角榫结构图

◇ 抱肩榫

　　抱肩榫为束腰家具的腿足与束腰、牙条相结合时使用的榫卯结构，也可以说是家具水平部件和垂直部件相连接时使用的榫卯结构。以束腰的方桌为例，腿足的上端，做出两个相互垂直但不连接的半榫头，这是与桌面相连的。在与束腰相接的部位，要做出45°的斜肩，并凿三角形榫眼，以便与牙条的45°的斜尖及三角形的榫舌相接。斜尖上还留做上小下大、断面为半个银锭形的挂销，与开在牙条背面的槽口套挂。明代及清代前期的束腰家具，牙条与束腰是用一块独木做出的，凭此挂销，可使束腰及牙条和腿足牢固地连接在一起，这是抱肩榫的标准做法。清中期以后，抱肩榫的做法就开始简化，挂销省略不做了。为了省料，牙条和束腰也改为用两块木条单独做。到清代晚期，抱肩榫的做法进一步简化，连牙条上的榫舌也没有了，只用胶粘合，使桌子的牢固程度因此大大降低了。

◇ 夹头榫

夹头榫是制作案类家具常用的榫卯结构。腿足在顶端出榫，与案面底面的卯眼结合。腿足上端开口，嵌夹牙条及牙头。此种结构，是利用四条腿足把牙条夹住，连接成方框，上承案面，使案面和腿足的角度不易变动，并能很好地将案面的重量分散，使之传递到四条腿足上来。

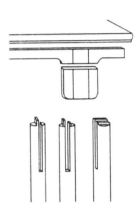

◆ 夹头榫结构图

◆ 小翘头几（明代 楠木）

◇ 插肩榫

　　插肩榫是制作案类家具时常使用的榫卯结构。腿足顶端有半头直榫，与案面大边上的卯眼连接。腿足上端的前脸也做出角形的斜肩，牙板的正面上也剔刻出与斜肩等大等深的槽口。装配时，牙条与腿足之间是斜肩嵌入，形成平齐的表面，当面板承重时，牙板也受到压力，但可将压力通过腿足上的斜肩传给四条腿足。

 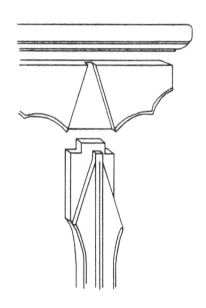

◆ 条案局部（明代）　　　　　　　◆ 插肩榫结构图

◇ 粽角榫

　　粽角榫因其外形像粽子角而得名，又叫"三角齐尖"，多用于框形结构的连接。另外，明式家具中还有"四平式"桌，其腿足、牙条、面板的连接均要用粽角榫。

◆ 方桌局部（明代）

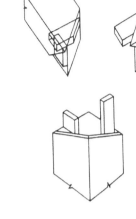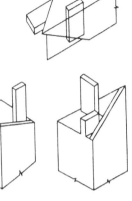

◆ 粽角榫结构图

◇ 暗榫

两块木板的两端对接，使用燕尾榫而不外露的，叫"暗榫"或"闷榫"。它是制作几、案、箱子之类家具时必用之榫。

◆ 罗汉床床围局部（明代）

◆ 暗榫结构图

◇ 栽榫

栽榫又叫"桩头",是一种用于可拆卸家具部件之间的榫卯结构。由于要拆卸,榫头易磨损,甚至损坏。为了维修方便,也避免因榫头损坏而使家具部件报废的情况发生,工匠一般都采用另外一种木料来制成榫头,然后将榫头"栽"到家具部件上。栽榫多采用挂榫结构。罗汉床围子与围子之间及侧面围子与床身之间,多用栽榫。

◇ 楔钉榫

楔钉榫常用来连接圆棍状又带弧形的家具部件,如圆形扶手的榫卯结构。虽然是两根圆棍各去一半、作手掌式的搭接,但每半片榫头的前端,都有一个台阶状的小直榫,可插入另一根的凹槽中,这样便使连接部位不能上下移动。然后在连接部位的中间位置凿一个一端略大的方孔,再做一个与此等大的四棱台形长木楔,插入后,便能保证两个小直榫不会前后脱出。制作圈椅的扶手、圆形家具都要用楔钉榫。

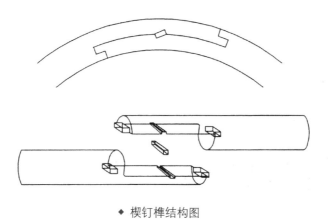

◆ 楔钉榫结构图

◇ 套榫

　　明清椅子的搭脑不出挑，与腿交接处不用夹头榫，常用腿料做方形出榫，搭脑相应的部位则挖方形榫眼，然后将两者套接，故名。

◇ 勾挂榫

　　榫眼做成直角梯台形，榫头也做成相应的直角梯台形，但榫头的下底面等于榫眼的上底面，嵌入后斜面与斜面接合，产生倒勾作用，然后用楔形料填入榫眼的空隙处，故名勾挂榫。

◆ 矮腿小圈椅（明代）

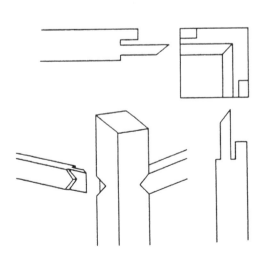

◆ 平尖肩榫结构图

◆ 红木屏风局部（清代）

◇ 格肩

　　遇有横、竖木料相交时，一般要将出榫料的外半部皮子截割成等腰三角形，另一根料上的半面皮子也制成同样大小的等腰三角形豁口，然后相接交合在一起。

◇ 托角榫

　　托角榫是指托角牙子和腿足接合，槽口挖在腿足上，与托角牙子的榫舌相接而构成的榫卯组合。

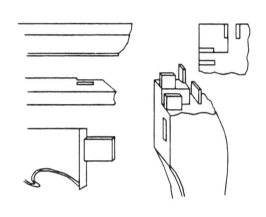

◆ 脚与台面牙条结构图

◇ 长短榫

　　腿料出榫处开一长一短两个榫头，两者相互垂直，与边抹的榫眼结合，用以固定腿部和面子，十分牢固。

◇ 攒斗

　　利用榫卯结构，将许多小木料拼成各种大面积好看且结实的几何花纹，这种工艺叫"攒"。用锼镂而成的小木料，簇合成花纹的工艺叫"斗"。这两种工艺常结合使用，故叫"攒斗"，南方叫"兜料"。这种工艺原本是制作门窗格子

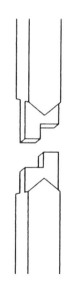

◆ 长短榫结构图

心、各种花罩的工艺技术。门窗一般采用"步步锦"、"冰裂纹"、"灯笼框"、"盘长"、"角菱花"、"六方菱花"、"正搭斜交"等几何纹。其中以"步步锦"最易制作，一般是用1.8厘米×2.4厘米的棂条，掐腰，漂肩，盖面。制作架格的栏杆、床围子也用这种工艺。虽然在整块木板上镂空锼花，也能制作出同类的花纹，但因木板有纹理，大面积的镂空锼花非常不结实，所以必须采用棂条拼嵌工艺。对于床类家具来说，更是如此。从美学上来看，攒斗工艺体现了我国"通透为美"的审美观念，也是家具"中国风"的集中体现。

◆ 攒斗

◆ 攒斗

◆ 攒斗

◆ 攒斗

> 硬木家具的雕刻装饰

◇ 线刻装饰

　　古代围屏、书画柜、箱匣等的表面上常要镌刻图案或文字。用刻刀在木料上刻出纹饰。因刻痕陷入木材之内，故这种技法叫"阴刻"或"线雕"。有的还在阴刻线内填入石绿或铁红等颜料。阴刻有线条清晰明快的特点，看似简单，其实阴刻最讲究用刀技法，要体现出刀法的韵味，并非是一般人可以为之的。

　　有人认为线刻装饰中还有一种阳线，即将线周围的木料去掉，使线凸起来，多用于桌子腿和牙子上的圈边起线。从工艺上看，阳线应属于浮雕技法。

◆ 海棠面圆墩（清代）

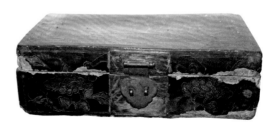

◆ 小箱（清代）

◇ 浮雕装饰

浮雕是在平面上进行减地雕刻而成的半立体形象，表现力十分强，在家具上运用极广。从浮雕的手法可以看出家具流派。

传统浮雕一般采用"三远法"（即平远、深远、高远）进行构图，宜于表现场面复杂的山水风景、楼台殿阁、街市等。浮雕的地子可处理为"平地"或"锦地"。

家具上的浮雕装饰根据浮雕的厚度划分为高浮雕、浅浮雕、中浮雕及深浮雕。

高浮雕是最薄、最浅的浮雕，又叫"薄肉雕"。典型的高浮雕是硬币上的图案。在治印和彩石（寿山石刻、青田石刻）雕中，这种很浅的浮雕叫"薄意"。许多家具上也有很浅的高浮雕装饰。

◆ 浮雕装饰

◆ 浮雕装饰

◆ 浮雕装饰

◆ 浮雕装饰

浅浮雕、中浮雕及深浮雕，是以纹样的厚度来划分的，其表现手法也略有不同。另外，浮雕可以与圆雕结合来组成图案。

判断家具上浮雕工艺的优劣，有以下几个注意要点：

一是观察整幅浮雕：浮雕上的若干个最高点都应在一个平面上（术语叫"挑面"），视觉上应没有向内塌陷的感觉（术语叫"塌面"）。符合两点要求的浮雕做工大体不错。如看出"塌面"了，则说明刻工很差。

二是看细部的工艺（术语叫"铲工"）：要看地子是否平，起线是否均匀，各种立墙处是否处理得很干净。

◆ 浮雕装饰

三是看磨工：因为打磨家具的大平面较容易，一般不会有太大的区别。差距主要体现在浮雕的磨工上。磨工技艺要求虽不高，但非常费工夫，只有用功到一定程度才能制出佳品。

◇ 透雕装饰

透雕又叫"锼活"或"锼花"，主要用于家具上的花牙板。"锼花"使家具具有精工、通透、灵秀、华美的特色。古代透雕工艺是先将图案画在绵纸上，再贴在木板上，然后在图案的空白处打一个孔，将钢锯丝穿入，然后反复拉动锼弓子，沿图案的轮廓将空白处的木料"锼"走。锼好的半成品由专门的匠师进行细部刻画，一般是按照纹样的转折和起伏，只对"看面"进行精细的雕刻加工。也有对正反两面均进行雕刻加工的，叫"透空双面雕"，这种雕花的板子的前后两面都宜于欣赏。此

◆ 透雕装饰

装饰多用于牙板、围栏、环板、屏心、花板等部位。还有的透雕与多层次的深浮雕相结合，具有较丰富的表现力，是明清大型家具上常使用的一种雕刻技法。

对镂空雕的工艺进行评估，主要是看以下三点：

一是看图案是否对称，是否一致，其图案纹样应是两两成对的。古代制作成堂的屏风时，板心都是"锼"出来的，即是将几块板心钉在一起，一次"锼"成。

二是看"立墙"，镂空处是否垂直于平面（圆形器上的锼花"立墙"是外大里小的）。

三是要看透雕纹样的"铲工"，即图案是否规矩，是否流畅，是否有"伤活"之处。

◆ 屏风足部的圆雕装饰

◇ 圆雕装饰

圆雕指不附着在任何背景上，可以从各种角度观赏的，完全立体的雕塑。古代家具的端头、柱头、腿足、底座等，多采用人物、动物、植物形圆雕装饰。雕刻多的家具，一般是广式家具。

　　还有一种半圆雕技法，常用来表现带背景的人物形象。其特点是主要形象用圆雕技法表现，次要形象和场景均用浮雕或线刻等技法来表现。

◇ 线脚装饰

　　线脚是明式硬木家具的大边、抹头或腿足的截断面，它们并不都是正方（含长方）形或圆（含椭圆）形的，特别是"看面"（指露在外边的那一面），只有少数是平面，大多数呈不同凹凸起伏的形状，看上去很舒服，手摸着也舒适。例如，像竹片那样呈圆弧形凸起的名为"竹片浑"的线脚，就是明式硬木家具上常用的一种线脚。明式硬木家具常用的线脚有许多种。

　　明式硬木家具为什么要采用线脚装饰？原因在于明式硬木家具是靠烫蜡和木质本色来起装饰作用的。一般都有光反射弱、层次感差的弱点。虽然在家具上起线，也可产生变化，但仅用起线一种方法是远远不够的。利用线脚，也就是有意使家具部件的断面呈方形，或呈圆形，或呈圆中有方形，或方中有圆形。这种种凹凸不同的线脚，对光有不同的反射效果，会使家具轮廓产生变化，使家具有丰富的层次感。

　　阳线：指高出平面，或浑面凸起的线形。

　　凹线：指凹入平面的线形。

　　线香线：指一种线形挺直的阳线，线形挺直，圆曲率比一般阳线大，线感比较强烈。

　　皮带线：指一种比较平扁但又较宽的阳线，因为宽度像马车上使用的皮条而得名。宽度较窄的叫皮条线。

　　拦水线：指沿着桌面边沿起出一条凸起的阳线，作用是拦住桌面上不慎流洒的酒水，使之不能流下桌面。

　　弄洞线：指两边凸起而中间凹进的一种线形。

● 线脚装饰

◆ 柜门的线脚装饰

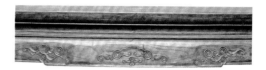

◆ 家具的线脚装饰

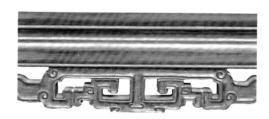

◆ 家具的线脚装饰

◆ 靠背椅的线脚装饰

◆ 扶手椅足部的线脚装饰

◆ 改竹圆

芝麻梗：指用两条洼线（内凹弧线）组成的线脚，因为形状像芝麻秆而得名。

竹片浑：指像竹片那样呈圆弧形凸起的线脚。

文武线：由一浑（外凸）一洼（内凹）两种线形组成。

捏角线：指方形材或长方形材边棱打折的线形。

瓜棱线：用料较粗的腿足，一般要做成起棱分瓣一类的线脚，通称为"甜瓜棱"。在一腿三牙式桌、圆角柜等家具的腿足上多采用瓜棱线脚。

剑棱线：指中间高，两边斜仄的线脚，形如宝剑的剑背。

天盘线：与拦水线相似。但位置不在边沿，而在面框的内沿，常见于茶几、花几之类面框较小的家具面上。

改竹圆：一种像竹竿表面那样呈圆弧形的线脚。

◆ 拦水线

◆ 弄洞线

◇ 镶嵌装饰

镶嵌装饰指用不同的材料制成装饰部件，然后镶嵌在硬木家具上，是硬木家具常用的装饰方法。因所用材料不同，故有不同的名称。

木嵌：一般是用一种浅色但是较为名贵的木材制成镶嵌部件，靠木质色彩对比

◆ 红木嵌银丝《八十七神仙图》（现代）

◆ 嵌螺钿椅（现代）

来突出主体。常见的有黄花梨嵌楠木、楠木嵌黄花梨、嵌黄杨木、嵌瘿木等。

嵌螺钿：即在硬木家具上镶嵌螺钿，是漆家具最流行的做法。

百宝嵌：如果在一件家具上嵌入由多种名贵材料，如玉、石、牙、角、玛瑙、琥珀等制成的装饰物，则叫"百宝嵌"。

银丝嵌：又叫"红木嵌丝"。其工艺方法是先将白银加工成很细的银丝，并设计出适合家具各个部位的二方连续的纹样，然后将画有纹样的绵纸贴在硬木家具的表面。绵纸干后，用薄口小刻刀，依纹样凿刻出一道浅槽，每凿刻数刀，便将银丝压嵌入槽内。待全部银丝嵌完后，用木槌轻轻敲实，再经打磨后，便可上蜡或擦漆。家具的表面便有工整华美的银丝图案。

嵌牛骨：是把牛腿骨进行特殊处理后，制成装饰图案，镶嵌在硬木家具上。

嵌珐琅：用珐琅工艺制成平板状的各种饰片，然后镶嵌在硬木家具相应的表面，使硬木家具有豪华的风格。多见于清式家具。

嵌大理石：又叫"嵌云石"，在家具上嵌大理石作为面板，是明清家具常用的装饰方法。大理石有美丽且变化无穷的纹理，特别是那种酷似某种自然形象的纹理，更令

◆ 铁力木大理石面心炕桌（清代）

◆ 红木金漆嵌象牙宝座（清代）

人叹为观止。硬木家具一般选用云南上品大理石，以白如玉、黑如墨者为贵，微白带青、微黑带灰者为下品。其中，白质纹理的大理石中有似山水者，叫"春山"；白质绿纹的大理石中有似山水者，叫"夏山"；白质黄纹的大理石中有似山水者，叫"秋山"。"春山"、"夏山"为最好，"秋山"次之。

除大理石之外，还有如朝霞一般红润的红色玛瑙石、碎花藕粉色的云石、花纹如玛瑙的土玛瑙石、显现山水、日月、人物形象的水石等。

嵌瓷板画：在家具上嵌入有彩绘纹样的瓷板，作为面板，是明清家具常用的装饰方法之一。由于彩绘瓷是高档艺术品，用来装饰硬木家具，颇具创意。

嵌竹黄：竹黄是去掉竹子青皮的竹内层，又叫"竹肉"。竹黄虽然不是什么高档材料，但由于竹黄工艺品在清代十分流行，所以清代宫廷家具中也有镶嵌竹黄的。此类家具的数量不多，注重雕工，工艺性极强，也十分珍贵。

◇ 家具金属饰件

铜饰件一般用白铜或黄铜制作，用于箱子、柜子、闷户橱等家具上，有一定的实用功能和很好的装饰效果。

面叶：古家具上的铜质饰件，多为片状的铜板，用钮头（铜制配件，其外端有圆孔，可供穿锁用，其内端穿过面叶和柜门，将面叶固定在柜门上）和屈曲

（用扁铜条对折而成，内端穿过面叶和柜门，将面叶固定在柜门上，其外端上的圆环可挂吊牌之类的拉手）固定在柜门上。面叶有多种形状，有的光素，有的錾花，也有不同的名称。其中，长条形的面叶叫"面条"。

　　吊牌：铜拉手的一种，式样很多，但均为片状的铜饰件，多与面叶配合使用。

　　吊环：铜拉手的一种，因是圆环状而得名。

　　牛鼻环：带铜拉手的一种面叶。元宝式拉手就通过"牛鼻环"挂在面叶上。

　　套脚：是套在家具足端的一种铜质饰件，用来防止家具的腿端因受潮而糟朽，亦有特殊的装饰美感。

　　合页：是连接家具两个部分并能使之活动的金属饰件。

　　拍子：专门用于箱子上的铜质饰件，分为上下两半的面叶。拍子用转轴固定在上半个面叶上。拍子和上半个面叶安装在箱盖上，另半个面叶则固定在箱体上。箱子开启时，拍子可起吊牌作用；箱子闭合时，拍子与下半个合叶起扣吊作用，可以加锁。拍子上錾有花纹，做工精美。

　　包角：安装在箱体角部的铜质饰件，由三个垂直面组成，每面均錾有图案，具有加固、装饰双重作用。

◆ 面叶

◆ 吊牌

◆ 牛鼻环、合叶

◆ 拍子

≫ 床榻的式样及形制特点

　　床和榻都是供人睡卧休息的家具。但在唐代以前，一些名为床和榻的家具，并非是卧具，而是坐具。中原地区的汉族，在唐代以前，以席地而坐为主要起居方式。各种高型的家具，如高型的床和榻，是汉唐时期北方少数民族发明创造的。由于民族的融合和文化交流，这些高型家具逐渐在中原地区推广流行开来，至唐宋时期，才成为中原汉族的家具。明清时期的床，形制高大，宛如一间雕梁画栋的房子，强调密闭性。明清时期的榻，一般是陈设在厅堂中的坐具。

＞床榻的沿革

床是供人睡觉的用具。传说神农氏发明床，少昊始作簟床，吕望作榻（《广博物志》卷三十九）。

现代能见到的年代最早的床，是河南信阳长台关出土的战国彩漆木床，长218厘米，宽139厘米，有六足，足高19厘米。床面为活铺屉板，四面装配围栏，前后各留一缺口，以便上下。床身通体髹漆，有彩绘花纹，装饰华丽。

但是，古代有些名为"床"的家具，实际上是坐具。如春秋战国时期流行的"匡床"，是仅供一人坐用的方形小床，又叫"独坐床"。《商君书》言："人君处匡床之上而天下治。"可知它是一种专门的坐具。汉代时，"床"还不是睡具的专用名称，其他用途的家具也有称床的。如"胡床"就是一种高足坐具，形如现在的马扎，前后两腿交叉，以交接点为轴，可以折叠，最上边的横梁穿绳后即为软坐面。另外还有梳洗床、火炉床、居床、欹床、册床等。

在西汉后期出现了"榻"这个名称。两汉时，榻有正方形和长方形两种，都是供一人使用的坐具。《释名》说"长狭而卑者曰榻"，"榻，言其体，榻然近地也。小者曰独坐，主人无二，独所坐也"。《通俗文》说："三尺五曰榻板，独坐曰枰，八尺曰床。"

古代榻的形象，在考古资料中很易见到。如：河北望都县汉墓壁画上

◆ 《洛神赋图》中的榻（魏晋）

◆ 《韩熙载夜宴图》中的家具（五代）

画有主记史和主簿所坐的榻，辽阳棒台子汉魏墓壁画上画有独坐小榻，大同北魏司马金龙墓出土的木板漆画上画有鲁师春姜所坐的小榻等。出土的实物有河北望都二号汉墓出土的石榻、南京大学北园晋墓出土的小榻、南京象山七号晋墓出土的陶榻等。

　　魏晋时期的榻，形制与汉代无异，仍是坐具。东晋到南北朝时期，开始出现高足坐卧具。相关资料有洛阳出土的北魏棺床、北齐《校书图》中所画的坐榻等。当时人们跪坐姿式大多是两腿朝前向里交叉盘屈的箕踞坐，但也有垂足而坐的。东晋顾恺之《女史箴图》中画有两人坐在架床上

◆ 集雅斋刊本《五言唐诗画谱》中版画上的榻（明代）

◆ 下双陆棋（清代）

◆ 臧懋循订正玉茗堂四梦本《南柯记》
中的版画（明代）

对语，其中一人就是垂足而坐。

　　六朝至五代时期的床榻，实物有江苏邗江县出土的四件五代时期的床榻，长180厘米，宽92厘米，高50厘米，与现代单人床的尺寸相仿。从其他资料中，也能看到此期的榻比汉代宽大。如洛阳龙门宾阳洞北魏《病维摩像》中的榻，虽是一人使用，但人在榻上可以侧坐、斜倚，也是较宽敞的。北齐《校书图》中所画坐榻，其上甚为宽敞，可供五六人坐其上品茶、宴饮或做各种游戏。山东嘉祥英山一号隋墓壁画《徐侍郎夫妇宴享行乐图》中所画坐榻，有两人坐在榻上，身边放着条几、隐囊，前面还放着盛满果品的豆。五代以前的榻，大多无围子，只有供睡觉的床才带围子。五代的榻开始安装围子，五代顾闳中《韩熙载夜宴图》中所画的两件床榻，形制大致相同，三面都装有较

◆ 《消夏图》中的家具（元代）

高的围板，正面两侧还安有独板扶手，中间留门，供人上下。其中一床榻上画有五人同坐，可见当时的床榻还是很大的。

在宋代绘画中也有一些宋代床榻的形象，此时的床榻还保留着唐代、五代时的形制，大多无围子。如南宋《白描罗汉册》中第一幅中所绘的禅床，宋代李公麟的《高会学琴图》和《维摩像》中的坐榻，宋代《梧荫清暇图》中的坐榻，《槐荫消夏图》、《宫沼纳凉图》以及宋人《白描大士图》中所绘的榻，均无围栏。一般还要配备凭几或直几作为辅助家具，如《梧荫清暇图》中的直形腋下几，宋人《白描大士图》中的天然树根三足曲几等。

从出土的实物和墓葬壁画来看，辽、金、元时期的家具品种较为齐全。内蒙古翁牛特旗解放营子出土的辽代木床、山西襄汾南董金墓木床、山西大同金代阎德源墓出土的木床，都是三面或四面装有栏杆和围板的。由于胡床是由汉代北方胡人所创造的，而三面或四面有栏杆的床榻又以辽、金元时期的品种最多，由此看来，高足家具是从北方向南方传播，在中原地区流行时又得到了提高和普及。

◆ 《历代帝王图》中的榻（唐代）

> 明式床

明式床一般较宽大，能睡双人，摆放在居室中的暗间，有架子床、宝座床（龙凤床）、拔步床等著名式样。从明代中期起，由于开放海禁，外国出产的硬质木材源源不断地运到我国，而我国江浙一带，经济发达，民间时兴硬木家具，所以高档床多用硬木（紫檀、花梨、铁力木、榉木等）制作。另有一些床，所用木材并不好，但采用漆艺和镶嵌（如嵌蚌壳、绿松石、玉、象牙、骨等）工艺进行装饰，也是高档家具。

◆ 黄花梨木六柱式架子床（明代）

◇ 架子床

架子床是一种有柱、有床顶的床。一般在床身四角处安立柱，立柱上承盖顶（又名"承尘"），顶盖四周装有楣板和倒挂牙子，床面的两侧和后面均装有用小块木料攒斗而成的花格围栏。架子床式样很多：有的在床的迎面安装了雕花门罩，与房间融为一体；有的是为在床正面安装门围子而增设了两柱，成为"六柱床"，

◆ 六柱式架子床（明代）

或叫"带门围子架子床";有的是将床的正中间留出椭圆形的月洞门,围栏和上楣子板也用同样做法做成,四周床牙板上还有浮雕的螭虎纹或龙纹。床屉则因地区而异。南方盛行用棕绳作底,上面铺上藤席。其做法是在大边的里沿起槽打眼,把棕绳和藤条的头用竹楔嵌入眼内,再用木条盖住边槽。这种床屉非常舒适。北方人喜欢用厚而软的铺垫,床屉大多用木板制作。

◇ 拔步床

一种形制较大的架子床。从外形看,好像把架子床安放在一个木制平台上。登床时要沿木台阶而上。平台比床大出两三尺,四角有立柱和木围栏,还有的在两边安上窗户,使床前形成一层或两层围廊檐,宛如一间小屋。每一层均有立柱和门围,每层廊檐均要挂帐子,床前还设有小方桌、小方凳,便于放置衣物。外廊檐内还放有马桶,相当于现代有"卫生间"的卧室。上海潘氏墓、河北阜城廖氏墓、苏州虎丘王氏墓均出土有明代架子床和拔步床模型。

拔步床流行于长江流域一带。此地区夏天炎热,房屋都盖得比较高大。由于结构上的原因,用于采光、换气、排雨水的天井就开在厅堂之前,屋内不保暖,梅雨季节时阴冷潮湿,冬天气温又较低,所以才有此类床的流行。过去常有北方人不知此风俗,凭谐音将"拔步床"听成是"八步床",因而又曲解为是"长达八步之床"。

◆ 黄杨雕银杏精品小姐拔步床(清代)

◆ 温州豪华三进拔步古床（清代）

◇ 龙凤床

　　龙凤床又名"宝座床"，是宫廷用床的泛称。其基本结构是架子床，但尺寸较民间所用大许多，其上还有繁复精美的龙凤雕刻装饰。明人何士晋汇辑的《工部厂库须知》中载有万历十二年（1584）宫中造龙床等四十张床的工料费用："万历十二年七月二十六日，御前传出红壳面揭帖一本，传造龙凤拔步床、一字床、四柱帐架床、梳背坐床各十张，地平、脚踏等俱全。合用物料除会鹰平木一千三百根外，其召买六项计银三万一千九百二十六两，工匠银六百七十五两五钱。此系特旨传造，固难拘常例。然以四十张之床，费至三万余金，亦已滥矣！"由此可以看出宫中龙凤床造价之昂贵。

> 明式榻

　　榻，是狭长而低的坐卧用具，大多仅容一人坐卧，又名"独睡"，一般陈设在正房明间，供主人休息和接待客人之用，其功能相当于近代兴起的双人沙发。有人认为榻是不安围子的，实际上也有三面安床围子的榻。

◇ 罗汉床

　　又名"弥勒榻"，大小相当于现代单人床。可卧亦可坐，正中放一炕儿，两边铺设坐褥、隐枕，放在厅堂待客，作用相当于现代的沙发。床上的炕儿，既可依凭，又可放置杯盘茶具，作用犹如现代的茶儿。在明、清两代皇宫和王府的殿堂里都有陈设。这种榻大都单独陈设在正殿明间。明、清两代也有少数文人、学者使用无围榻，意在仿古，以示高雅。

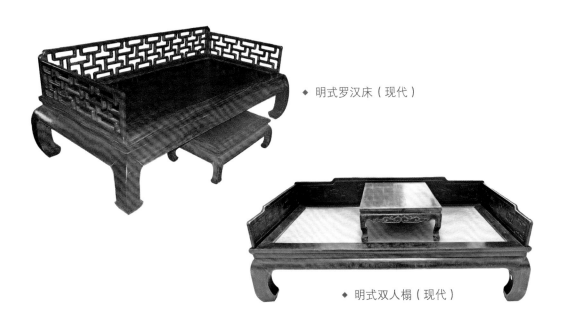

◆ 明式罗汉床（现代）

◆ 明式双人榻（现代）

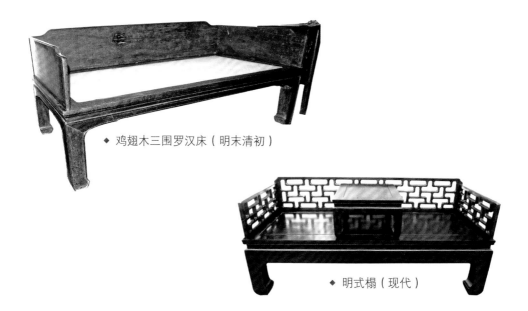

◆ 鸡翅木三围罗汉床（明末清初）

◆ 明式榻（现代）

　　罗汉床在结构上分无束腰和有束腰两类。有束腰的特点是牙条的中部较宽，曲线弧度较大，俗称"罗汉肚皮"。

　　还有的罗汉床安装围子。其中，床三面各装一块围子的，叫"三屏风式"；装五块（后三，两侧各一）的，叫"五屏风式"；还有正面装三屏、两侧各装两屏的，叫"七屏风式"。床围子的做法也有多种，如独板围子、攒边装板围子、攒接围子、斗簇围子等。明式罗汉床多采用直棂条攒成格子花的做法，风格朴素。

　　还有采用直腿、直牙接束腰的结构，装饰很少，面板侧面打洼，形成线脚，直腿内起阳线，四个外角均作委角处理，风格古朴。

　　有的罗汉床仿藤竹家具装饰风格，采用三屏式床围，长方形大边用圆料，框内嵌有棂格。床身为仿藤竹家具的装饰风格，床的大边采用"劈料做"，形成两藤棍双拼的形式。高拱罗锅枨也采用"裹腿做"，抱圆腿后上翻，直顶床边板，装饰风格古朴简练。

＞清式床榻

　　清代床榻在康熙时期以前保留着明代的特点。到乾隆时期，开始形成了清式风格。特点是用材厚重、装饰华丽，与明式家具的用料合理、朴素大方、坚固耐用形成鲜明的对比。这类家具制作力求繁缛多致，不惜耗费工时和木材。

◇ 架子床

　　清式的架子床，用料比明代架子床粗大许多，床的尺寸更宽大，更注重雕工装饰，特别是架子床的正面，装有雕刻华丽的门罩，也由此形成不同的式样。故宫收藏的一件清代紫檀木架子床，用料粗壮，形体高大，四足及牙板、床柱、围栏、上

◆ 清式雕花架子床（现代）

◆ 楠木雕百子图大床（清代 楠木）

楣板等全部雕有云龙花纹，床顶还安有高约40厘米的紫檀木雕云龙纹毗卢帽，雕工精美，又恢弘壮观，给人以一种庄严华丽之感。

清代民间所用的架子床与明代也不同，除左、右、后三面装围栏外，还有在床正面装设垂花门的。将厚一寸许的木板镂雕成"松竹梅"或"葫芦万代"等寓意富贵、长寿、多子多孙的吉祥图案。

◇ 罗汉床

清式罗汉床的结构和明式大致相仿，也分无束腰和有束腰两类。但清式罗汉床多采用五屏式或七屏式，正中屏风稍高，两侧依次递减，屏风多采用攒框镶屏板心的做法。其中，屏板心或是透雕，或是浮雕，或是镶嵌，或是金漆彩画，十分华丽，成为清式家具的一种风格特点，不像明式罗汉床多采用直棂条攒成格子花的做法。

清式罗汉床上的镶嵌物，多以玉石、玛瑙、瓷片、大理石、螺钿、珐琅、竹木、牙雕等制作，装饰题材有山水风景、树石花卉、鸟兽、人物故事及龙、凤、海水江崖等。

◆ 五屏风床（清代 红木）

◆ 藤面罗汉床（清代 红木）

◇ 贵妃榻

贵妃榻是专供妇女小憩的榻，面较狭小，一般制作精致，造型优美，可坐可躺，故名"贵妃榻"或"美人榻"。在清代后期至近代，贵妃榻多采用西方宫廷式样。

◇ 床柜

清代有一种床柜，做法是先做成相当于床的长、宽、高的上开盖柜，柜内可以存放毡毯被褥，然后在三面装上床围子，白天可以当榻待客，晚上即是卧具床，是清代床榻中较为新奇的一种。

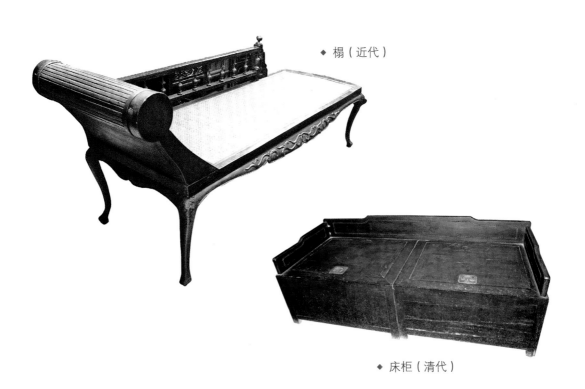

◆ 榻（近代）

◆ 床柜（清代）

◇ 宝座

　　宝座是宫廷中供皇帝日常生活使用的坐具。除雕漆、金漆宝座外，还有用紫檀制成的宝座。宝座是单人使用，但尺寸较大，装饰技法多种多样，装饰风格华丽。

　　宝座的结构采用多屏式靠背，屏芯嵌有精湛的雕刻纹样，椅座以下采用面板、束腰、托腮、彭牙、鼓腿、内翻马蹄、托泥的结构形式，造型庄严，工艺考究。

　　宝座陈设在皇帝和后妃寝宫的正殿明间最显要的位置，周围还要有屏风、宫扇、香筒、香几等陈设，是宫廷陈设形式之一，象征皇权的至高无上。

◆ 北京故宫中和殿内陈设

≫ 几类家具的式样及形制特点

几，是一类案面狭长、下有足的矮形家具。在唐代以前，几是汉民族重要的家具。在西周时期，几用于庄严神圣的祭祀礼仪，用于陈设、放置物品，是等级身份的象征。专用于陈设，放置物品的几，名为"庋物几"。此外，几还有一个重要的用途，是为长者、尊者所设的凭依用具，放在身前或身侧，用于支撑身体，名为"凭几"。在春秋时期，几在日常生活中的用途也很广，相当于日后出现的桌子和案。隋唐开始，随着凳子、椅子的流行，逐渐改变了中原汉族人席地而坐的生活习俗。在中原地区，出现了香几、花几、茶几等主要品种。

＞几类家具的沿革与发展

在远古时代，几和案是同一类家具。在"几"这个名称出现之前，曾用过一些别的名称，可统称为"俎"。

"俎"最初的形制是用四根立木支撑"俎"面，这就是有虞氏使用的"几"。《礼记·明堂位》曰："俎，有虞氏以梡。"郑注云："梡，断木为四足而已。"孔疏云："虞俎名梡，形四足如案，以有虞氏尚质未有余饰，故知但四足如案耳。"

夏代有一种"俎"，是在两侧前后腿间加上一根横木，踞于足口，有增加牢固性和装饰性的作用。商代时改称为棜（一种树名，音"矩"），在器形上也有改变，把两侧的腿做成曲线形，因像"棜"树枝弯曲的样子而得名。

河南安阳大司空村商代墓出土的石俎，用四足支撑案面，四边刻出高于面心的拦水线，已初步具备了家具的形象特征。器身两面雕出两组兽面纹，开始了用美术装饰器物。

周代时改称"房俎"，将足间的横木移到足下，使四足直接落在横木上，形如后世案足下的托泥。

自有虞氏至西周，"俎"形制虽屡有变化，但长短尺寸和漆饰却变化不大。《三礼图集注》云："俎长二尺四寸，广尺二寸，高一尺。漆两端赤，中央黑。然则四代之俎，其间虽有小异高下，长短尺寸、漆饰并同。"

几和案的实物，在战国至汉魏的墓葬中，几乎每座都有出土，这足以说明在席地而坐的时代，几和案是最常见的家具。春秋战国时期，几案的使用更为普遍：河南信阳长台关楚墓出土的漆俎、漆案、漆几等，江西贵西崖墓出土的春秋木案，随县曾侯乙墓出土的战国漆几、漆案等，长沙马王堆汉墓出土的漆几，甘肃武威磨嘴子汉墓出土的木几，长沙出土战国漆凭几，以及其他众多汉墓、六朝墓出土的漆案、漆几、陶案、陶几和铜案等，这些文物，为我们研究和探讨古代家具的发展情况，提供了可靠的依据。

战国时期出现了"案"、"几"的名称，形制与前代"俎"略有变化。宋代高承

选《事物纪原》说："有虞三代有俎而无案，战国始有其称。燕太子丹与荆轲等案而食是也。案盖俎之遗也。"

西周时，几的使用有严格的礼仪制度，并设有专门的官吏，掌"五几"，即"玉几、雕几、彤几、漆几、素几"。

几的礼仪制度，一直沿用到汉代。据《西京杂记》载："汉制天子玉几，冬则加绨锦其上，谓之绨几……公侯皆以竹木为几，冬则以细罽为橐以凭之，不得加绨锦。"古代习俗，人几在左，神几在右。故通常只设右几，偶设左几则是优待老者的一种礼遇。右侧五几，俱为神灵或祖先而设。

几与案的形制差别不大，只是几的长宽之比略大些。从外形比例看，几面较案面要窄。专为坐时侧倚靠衬的家具。不过在当时除长者或尊者外，平常人无资格使用这种家具。《三才图会》说："几，所以安身也，故加诸老者，而少者不及焉。"《器物丛谈》说："几，案属，长五尺，高尺二寸，广一尺，两端赤，中央黑。古者坐必设几，所以依凭之具。然非尊者不之设，所以示优宠也。其来古

◆ 倪云林画像摹本（元代）

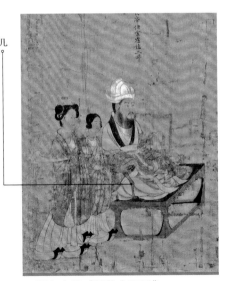

◆ 阎立本绘《历代帝王图》

矣。"从以上所说推断，几、案同属一类家具，只是用途不同而已。究其起源，无疑源出于有虞三代之"俎"。

战国时有一种专供依凭的曲几，席地而坐时将其放在腋下、左右均可。形制有别于俎属几案。

魏晋至隋唐时期流行一种三足弧形几，名叫"凭几"，是专供坐时依凭的。坐时无论左右侧倚还是前伏后靠都很方便。如酒泉丁家闸十六国墓壁画所绘人物踞居于榻上，胸前就放置着这种三足曲几。此外，还有南京象山七号墓出土的陶凭几，南京甘家巷六朝墓出土的陶凭几，象山七号墓出土的陶牛车内的凭几等。凭几还有两足直面的，如北齐《校书图》中侍女所持的凭几，就是一例。

宋元时期，三足凭几因适合游牧生活的需要，仍被边远地区生活的各少数民族使用。《金

凭几

◆ 杨子华绘《北齐校书图》局部

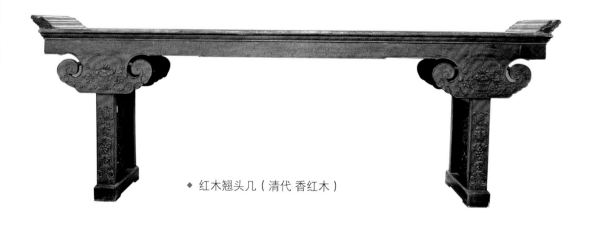

◆ 红木翘头几（清代 香红木）

史》卷三十记载："曲几三足，直几二足，各长尺五寸，以丹漆之。帝主前设曲几，后设直几。"直到清代初期还在使用，故宫博物院收藏有康熙时期的凭几。

宋代时，高足家具普遍应用。原来的矮型案几也逐渐演变为高足的桌案。但几的名称依然被使用。如用来烧香祈祷的香几，四足较高。进食用的食案，也由前代的小形案发展为既宽且高的大案（宋代绘画中常画有数人围在一起在一张大案上进食的场景）。进食用的桌子也被称为宴几。

在宋代黄长睿所著的《燕几图》中，燕几由七件组成，有一定的比例规格。它的特点是多为组合陈设。根据需要，可多可少，可大可小，可长可方，可单设可拼合，运用自如。书中介绍燕几说："率视夫宾客多寡、杯盘丰约，以为广狭之则，遂创为二十体，变为四十名。"

> 明式几

在高型家具流行的明代，几是一种不重要的家具。明式几尺寸比桌子小了许多，一般采用三块板直交而成的几形结构，根据用途不同分为炕几、条几、香几等。但其中的香几，虽名为"几"，却是出现年代很晚的家具，没有采用传统的几形结构。

◇ 炕几

炕几是放在炕上使用的矮型家具。从结构上看，凡是由三块板直交相交而成的，或者四个腿足位于面板四角的短腿桌，都叫炕几。

◆ 黄花梨长方炕几（明代）

◇ 条几

条几是面板窄而长的几形家具，仍以三块板直角相交为标准式样。

◇ 香几

香几是摆放香炉的家具。明代时，富贵之家有在书房、卧室内焚香熏屋子的习惯，故香几十分流行。香几有方形、长方形、圆形、海棠形等样式。一般以圆形面板居多，叫"圆形香几"，有三足、五足等式样，腿足弯曲较大。香几不论在室内还是室外，多居中设置，四无依傍，以体圆而委婉多姿

◆ 黄花梨木五足内卷香几（明代）

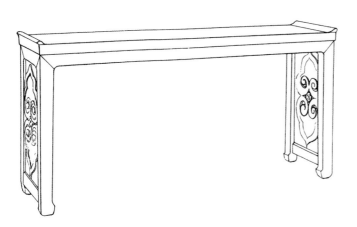

◆ 明式黄花梨翘头攒框板足条几（明代）

◆ 方茶几（明代）

者为佳。传世明代黄花梨荷叶式六足香几，长50厘米，宽40厘米，高73厘米，采用六面双层束腰，嵌绦环板，每层束腰下都有托腮，荷叶式的牙子覆盖拱肩，六条三弯式长腿，卷荷叶式足下承圆珠，下有六边形荷叶几座。

《遵生八笺·燕闲清赏笺》云："书室中香几之制有二：高者二尺八寸，几面或大理石、岐阳玛瑙等石，或以豆瓣楠镶心，或四、八角，或方，或梅花，或葵花，或慈菰，或圆为式，或漆或水磨诸木成造者，用以阁蒲石，或单玩美石，或置香橼盘，或置花尊，以插多花。或单置一炉焚香，此高几也。"

◇ 蝶几

蝶几又名"奇巧桌"，由十三件大小不等的三角形和梯形几组成，有一定的比例规格。比宋代的宴几更新奇的地方是它不仅能拼成方形、长方形，还能拼成犬牙交错的形式，这在园林或厅堂陈设中，自有一番新意。

◇ 花几

花几是摆放花盆或盆景的家具，一般比桌案要高些，多放在厅堂四角处或房屋正间条案的两侧，成对陈设。

◇ 小矮几

小矮几是专供陈设古玩的小形几。《遵生八笺·燕闲清赏笺》载："若书案头所置小几，惟倭制佳绝。其式，一板为面，长二尺，阔一尺二寸，高三寸余，上嵌金银片子花鸟，四簇树石。几面两横，设小档二条，用金泥涂之，下用四牙、四足。牙口镂金铜滚阳线镶钤持之甚轻。斋中用以陈香炉、匙、瓶、香合，或放一二卷册，或置雅玩具妙甚……更有五六寸者，用以坐乌思藏镂金佛像、佛龛之类。或陈精妙古铜，官、哥绝小炉瓶，焚香插花，或置三二寸高天生秀巧山石小盆，以供清玩，甚快心目。"综上所述，可以想象小形几的式样之多，又各有各的用途。

◆ 三联几（近代）

◆ 圆花几（清代 红木）

◆ 矮几（现代）

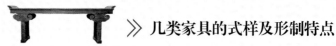

> 清式几

清式几也分高式和低式两类。高式几主要有香几和茶几。低式几包括置于床榻和茵席之上使用的各类炕几，形体较小，腿足较短。

清代还有一种弧形三足凭几，弧形曲面，两端及中间各垂一足。由于其弧形的特点，可以放在身体任意一侧使用，俗称"四面几"。这种几在魏晋南北朝时非常流行，清代皇帝出巡或狩猎时在帐篷中使用。

◆ 核桃木面故事图香几（清代）

◇ 香几

香几多用于放置香炉，以圆形居多，其次为六角和八角式，还有双环式、方胜式、梅花式、海棠式等。绝大多数香几都用三弯腿造型。

◇ 茶几

茶几多为方形，直腿，高度大体与椅子的扶手相当，使用时放在两个椅子中间，摆放一些茶具。清代时，陈设香炉的香几渐不流行，茶几大量出现。这是因生活习俗的改变而引起的家具的变化。

◆ 茶几（清代）

◆ 交对椅茶几（明代 红木）　　◆ 什锦方茶几（近代 红木）　　◆ 高低茶几（清代 红木）

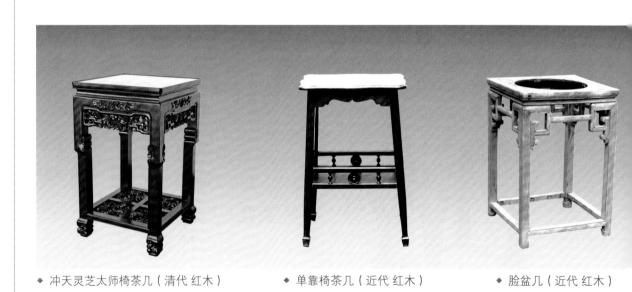

◆ 冲天灵芝太师椅茶几（清代 红木）　　◆ 单靠椅茶几（近代 红木）　　◆ 脸盆几（近代 红木）

◇ 炕几

炕几是在床榻上或炕上使用的矮型家具。有的直接采用桌形直腿和案形云纹牙板的做法，也可采用凳子的结构，如有束腰的彭牙鼓腿、三弯腿，无束腰的一腿三牙、裹腿、裹腿劈料做等。

彭牙鼓腿炕几：四条腿在束腰下向外伸出，形成拱肩，然后又向里弯转形成弧形，下端削出内翻马蹄。边牙不是垂直向下而是随着腿的拱肩向外张出。

三弯腿炕几：其上部与彭牙鼓腿做法相同，唯四腿向里弯转后又来个急转弯向外翻出，一般足下都有托泥。

一腿三牙炕几：这种炕几是仿明代一腿三牙的桌式，即每条腿与几炕面板相交，依靠腿上端装有三块各朝一个方向的牙板，非常结实。但几面四边用材较宽，四条腿叉脚明显，也不用束腰。

◆ 清式炕几（近代）

裹腿和裹腿劈料炕几：仿竹藤制品的一种装饰手法。裹腿是指横枨与腿的结合部，两边横枨的里侧采用榫与腿卯合，外侧做出飘尖，两条横枨对头衔接，把腿柱裹住。劈料是指腿柱的形状，即在做腿足时有意做出四道圆棱，好像腿足是用四根圆棍拼在一起的，俗称"劈料作"。

◇ 凭几

凭几是席地而坐或在较大床榻上使用的小型家具。因其弧形的特点，置于身前可以凭伏，置于身后可以后靠，置于两侧肘下亦可斜倚养安，是一种又轻便又实用的家具。清代初期，凭几是皇帝外出巡视和行围打猎时的必备用具。故宫博物院就收藏着一个清代康熙年间制作的三足漆金凭几，造型优美，制作精细。

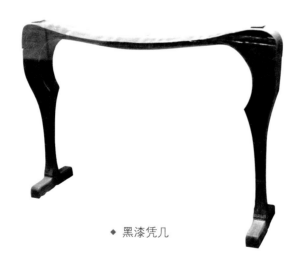

◆ 黑漆凭几

》案类家具的式样及形制特点

案是一种案面呈长方形、下有足的承托家具。案和几一样，也是古时汉族使用最广的家具之一。在西周以前，几和案是同类家具，都叫"俎"，西周时用于日常生活的"俎"被称做"案"。案类家具在不同的时代有不同的形制，例如，秦汉时期流行矮足案，宋代有矮榻形庋物案、托泥式高座书画案、大食案、柜案等，明清时期流行高足翘头案、平头案和架几案。一般认为案比桌大，桌又比几大；案面都是长方形或长条形，没有正方形的；案的腿足都是缩进面板内安装的，所以案子的面板两端是悬空的；齐面板两端安装腿足的，是桌或几。另外，案类家具的前后腿之间大多镶有带雕刻的板心或券口。

> 案类家具的沿革与发展

　　案，是古时人们进食、看书、写字时使用的家具。在西周以前，几和案是同类家具，都叫"俎"。西周时才把用于日常生活的"俎"叫做"案"，这是"案"这一名称的由来。祭祀祖先和神灵时摆放祭器的家具，仍叫"俎"。因用途不同，人们将案类家具分别称为食案、书案、奏案、毡案、欹案等，但它们的形制并无多大的区别。

◇ 食案

　　在席地而坐的时代，人们进餐是分食制，每人都要使用一件食案。史书中有关食案的描述很多。《说文》载："案，几属也。燕太子曰，太子尝与荆轲等案而食。"《史记》载："汉七年，高祖往诛之，过赵。赵王张敖自持案进食，礼甚恭。高祖箕踞骂之。"《楚汉春秋》载："项王使武涉说淮阴侯，信曰：'臣事项王，位不过中郎，官不过执戟，乃去楚归汉。汉王赐臣玉案之食，玉具之剑。臣背叛之，内愧于心。'"《东观汉纪》载："梁鸿适吴，依大家皋伯通庑下，为人赁春。妻为具食，不敢于鸿前仰视，举案齐眉。"

◆《男墓主与男侍仆图》中的家具（东汉）

从这些描述中可知：食案是一种带矮足的小型盛具，便于端拿饭菜，也便于摆放在地上。当时有一种专门用来端拿饭菜的木盘，样子很像食案。颜师古注曰："无足曰盘，有足曰案。"可知食案下有矮足，就是案与盘的区别。

食案的尺寸不大，很矮，易于搬动，面板有长方形和圆形两种形状。长方形食案有四足。圆形食案多为三足，边沿处还有高于面板的拦水线。

明代谢肇《五杂俎》说："汉王赐淮阴侯玉案之食，玉女赐沈义金案玉杯，石季龙以玉案行文书，古诗有'何以报之青玉案'。汉武帝为杂宝案。贵重若此，必非巨物……且汉时皇后，五日一朝皇太后，亲奉案上食。"由此可见，食案在古代使用十分普遍。

◇ 书案

书案是读书、写字时所用的案，案面平整。由于书案是用于读书和写字的，故高度比食案要高一些，腿足也较食案的足宽大些，并做成弧形。

汉代书案多为曲足带托泥，后来逐渐演变成直腿带托泥。南朝至隋唐时期的书案，也较前代有所变化。山东嘉祥英山一号隋墓壁画中墓主人身前的案几即是一例。长沙赤峰山三号南朝墓出土的瓷案，案足的外侧仍做出象征木条腿的线条。案面也在变化，由平板面发展为两端翘起的翘头或卷沿。此后，案面多仿此式，有的案足虽然还保留着曲足式，但案头却大都翘起来

◆ 万历本《忠义水浒传》插图中的书案（明代）

了，如唐代王维在《伏生授经图》中所画的书案，湖南长沙牛角塘唐代墓出土的陶案，就是如此。

◇ 奏案

奏案是专供帝王接受奏章和各级官吏升堂处理政务时所用，比书案还要大些。如《江表传》载："曹公平荆州，仍欲伐吴，张昭等皆劝迎曹公，唯周瑜、鲁肃谏拒之，孙权拔刀斫前奏案，曰：'诸将复有言迎北军者，与此案同。'"这类较大的案，因用途不同而名称有异：官府大堂上所用之案，叫"奏案"；上级官吏向下级官吏宣布诏书所用之案，叫"诏案"。因此，较大的案，实际上是一种多用途的家具。

◇ 敧案

敧案又称懒架或敧架。《通雅·杂用》说："敧案，斜撸之具也。陆云言曹公物有敧案。"《事物纪原》卷八"懒架"条："陆法言〈切韵〉曰：'曹公作敧架，卧视书。'今懒架即其制也。则是此器起自魏武帝也。"南朝梁刘孝绰《昭明太子集序》："虽一日二日，摄览万机，犹临书幌而不休，对敧案而忘怠。"

唐代中期以后，高型家具渐渐普及，低形的几、案也逐渐演变为高桌子和大条案了。

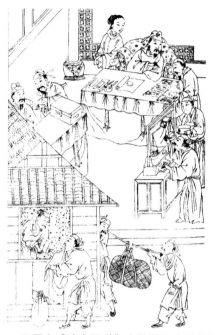

◆ 万历本《诗余画谱》中的版画（明代）

◆ 崇祯本《八公游戏丛谈》版画中的奏案（明代）

> 明式案

在明代时案是用途最广泛的大型家具。

明式案在形制结构上与桌、几有所不同：第一，案比桌大，桌又比几大；第二，案面都是长方形或长条形，没有正方形的；第三，腿足缩进面板内安装，齐面板两端安装的，人们称之为桌或几；第四，案的前后两腿间大多镶有带雕刻的板心或券口。

◆ 小平头案（明代）

◆ 夹头榫带托子翘头案（明代）

◆ 黄花梨木夹头榫翘
头案（明代）

◆ 黄花梨木插肩榫翘
头案（明代）

案子的面板有两种形状：一类面板是平整的、两端处无翘起的，叫"平头案"；第二类面板是两端翘起的，叫"翘头案"。

明式案的四条腿与面板的连接方式，一般只采用"夹头榫"或"插肩榫"两种。其中，采用"夹头榫"条案的式样较多，有如下几类：第一类，四足着地，足间无管脚枨；第二类，四足着地，足间有管脚枨；第三类，四足不直接着地，足下安托子。另外，管脚枨和托子之上又常安有券口或挡板，这样又形成了不同的式样。

"插肩榫"条案的做法比较简单，多为四脚着地，无管脚枨和托子。腿足的轮廓和花纹有所变化。

案与桌的用途相仿。大案一般置于厅堂正中，一般不常搬动，上面置放各类摆设。小型案较为轻便，用途较多，有的作为书案，有的作为画案，有的作为书斋、卧室中以摆放日常用品的用具。

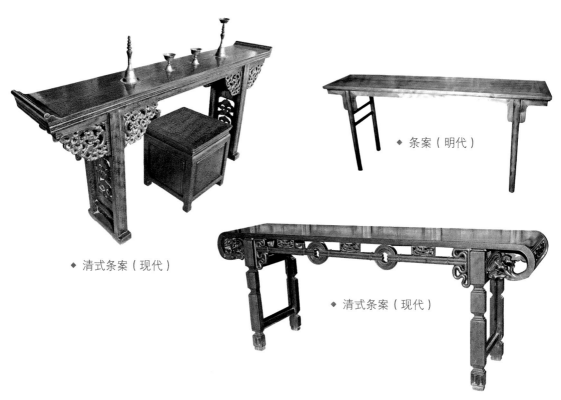

◆ 条案（明代）

◆ 清式条案（现代）

◆ 清式条案（现代）

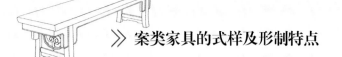
◇ 长案

长案是一种案面又窄又长的案子，面板的长度是宽度的数倍，有的长案长度接近一丈或更长，故名"条案"。由于案类家具的腿足可以缩进安装，所以能做成很大的跨度。长案一般陈设在大厅的正中，上面可以放置各种摆设。在书房、卧室中，长案多靠左右两侧靠墙处摆放，其上可陈设物品。

◇ 架几案

架几案的面板和架几是分开的，使用时将面板摆放在架几之上。架几案在明清盛行，有不同的式样。大者与长案相似，小者则可用做书画案。

◇ 书案

书案即放在书房中用来放书和卷轴的平头案。

◇ 画案

画案是一种案面为长方形的平头案，不做飞角，不设抽屉。因用于写字作画，案面较宽形似桌。

◆ 紫檀木插肩榫画案（明代）

> 清式案

　　清式案的结构，有明式中常用的夹头榫、插肩榫做法，还有清代流行的托角榫做法，只是因这种榫嵌入腿足之内，在外表上较难辨认。

　　清式案的面板与脚足的连接，是靠分三段安装的牙条。案腿两边镶牙头，腿子两侧只开出浅槽，不开透。腿足的做法分有托泥和无托泥两种。京式家具和苏式家具喜欢在案足下加托泥，广式家具则不用托泥，而将腿足向外撇出。

　　另外，人们是根据案的用途，将其分为书案、画案、炕案等种类，在形制上略有不同。

◇ 架几案

　　架几案是清代流行的一种案式，是采用拆装式结构的大案。它的面板是单独的一件，用时架放在两件几形座上，移动、运输均很方便。架几案的式样变化，取决于两个几座的造型。架几案的造型比一般长案显得清秀。

◆ 架几案（现代）

◇ 长案

案以长为贵，其中案面极长的叫大条案。条案的做法多为夹头榫结构，两侧足下一般装有托泥。个别地区也有不用托泥的，但两腿间都镶一块雕花档板。案面有平头和翘头两种。翘头案是在案面两头做向上翘起的卷沿，有的翘头还与案面抹头用一块木料做成。

长案一般陈设在大厅的正中，平时不移动，上放有各种摆设。在书房、卧室陈设时，多位于左右两侧靠墙处，其上陈设物品。

◇ 书案

书案即放在书房中用来放书和卷轴的平头案。

◇ 画案

画案是一种尺寸较宽大的专用于写字作画的平头案，不做飞角，不设抽屉，式样较多。

◆ 条案（清代）

◆ 清式剑棱腿条案（现代）

◆ 清式条案（现代）

◇ 炕案

炕案，即案形炕儿。一般采用大型条案的做法，只是按比例缩小、四腿变短即可。炕案很少做成翘头案。炕案与炕桌的区别是：案的面板较小，呈长条形；炕桌的桌面较大，近似正方形。

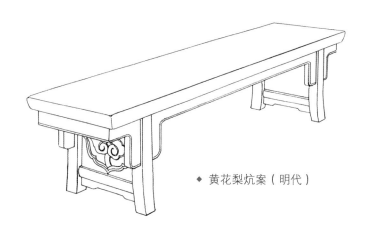

◆ 黄花梨炕案（明代）

◆ 书画案（现代）

》桌子的式样及形制特点

　　桌子是随着人们起居方式的改变而出现的高型家具，并且要和椅子或凳子配套使用。在隋唐以前没有桌子，因为人们席地而坐的生活方式不需要桌子，起到桌子用途的家具是低矮的几和案。在明清高型家具中，有的桌子和案的形状很相似。一般认为桌子比案子略小，并且在形制结构上有两个显著特点：第一，面板的长宽之比不超过2∶1，如果面板的长宽之比超过此数值，一般称为案；第二，腿足安装在面板的四角处。有人认为这是桌子最典型的形制结构特征。

＞桌子的沿革与发展

桌子是和椅、凳配套使用的高型家具。在席地而坐的时代，肯定无桌，起桌子功能的家具是低矮的几和案。

桌子的起源，有人认为是汉代，有人认为是隋唐。汉代，胡床是唯一的高型坐具，也就可能有与之配合使用的高型桌子。1975年，《文物》第11期介绍了河南灵宝张湾汉墓出土的一件绿釉陶桌。它长14厘米，通高12厘米，上置双耳圆底小罐，二者烧结在一起。桌面为方形，四足也较高，和现代方桌基本相同，不同于出土的汉代几案。当时在考古界和家具界引起了强大反响。陈增弼先生发表文章《论汉代无桌》，认为它不是桌子而是案，并指出桌子的出现当在隋唐之际，桌子这一名称则在五代时期才出现。故唐代以前出现的类桌家具，都应称为案。唐代虽无桌子这一名称，却有桌子确凿的形象资料，所以仍把桌子出现的时间定在隋唐。

高型桌子逐渐普及使用，是从唐代开始的。这可从一些绘画中看到：

敦煌473窟唐代壁画《宴享图》，画帷幄中置长桌一张，桌的四面挂有围子，桌上摆放着刀、筷、杯、盘等食具，桌子两边各放一条长凳，有男女数人分坐两旁。

敦煌85窟中唐代壁画《屠师图》，画高足俎案二张，后

◆《六尊者像》中的桌子（唐代）

面是肉架。在肉架的后面放有一张稍矮的长方桌，有一个屠师正在俎案上切肉。从画中可以看出，案面较厚，四腿也较粗壮，腿间无枨。从屠师与桌案的比例关系看，高度与现代桌案相差无几。

在传世的名画中也能看到桌子在唐代的使用情况。如唐代《宫中仕女图》中画有一长方桌，四面均有双枨。在《文会图》中画有一张长方案，人物身后还有一张长方桌，作成曲齿花牙腿，还有束腰，足下有托泥。有束腰的家具似在唐代十分常见，唐代卢楞枷所画《六尊者像》中也画有带束腰的桌案。

五代时，圆腿足的家具盛行，这在《韩熙载夜宴图》中可以看到。图中的长桌、方桌，已采用夹头榫的牙板或牙条，腿间有了横枨，通常为正

◆ 木工（明代）

面一条，侧面两条。从图中人物和家具的比例关系来看，桌子的高度略高于椅凳的坐面，但高度不超过椅子的扶手。和床榻相比，大致与床面高度齐平。这是隋唐五代时，家具从低型向高型发展的过渡形式。

宋代家具上已出现束腰、马蹄、蹼足、云头足、莲花托等装饰手法，在结构上使用了夹头榫牙板、牙头、罗锅枨、矮老、霸王枨、托泥等结构部件。如山西明应王殿壁画中的方桌，不但有桌牙，还用了双罗锅枨。山西洪洞县广胜寺水神庙壁画《卖鱼图》中的方桌，也用了双罗锅枨。

辽宁朝阳金代墓室壁画中所画方桌，在横枨与桌牙之间用了两组双矮老，桌腿下端饰两层云纹翅。

宋代有了专门用来弹琴的琴桌，见宋徽宗的《听琴图》中可以看到它的形象。李公麟《高会学琴图》中的琴桌，不仅腿足采用内翻马蹄式，足下还有托泥。

宋人《梧荫清暇图》中的长方桌，足的两边饰蹼，下附托泥。这些都是宋代家具在结构上讲究美观，又注重科学性的表现。

元代出现了带抽屉的桌子。如山西文水北峪口树元墓壁画《备餐图》中的桌子，就安有两个抽屉，并带有拉环。

◆ 《听琴图》中的家具（宋代）

◆ 《人物故事图》中的家具（明代）

＞明式桌

明代桌子可分有束腰和无束腰两种样式。

有束腰桌子的做法：一般是在桌面下部收进一些，至牙板处又放出，但牙板仍与桌面保持齐平；四足都装配在桌面四角；腿间无枨，而在四腿内侧与桌面里侧穿带之间安装"霸王枨"。如果不用霸王枨，则会在足下装一四框攒成的方形托泥。这种做法，多用于长桌。方桌一般不用托泥。

无束腰桌子的做法：一般用四腿上端直接支撑桌面，腿间装枨，并用罗锅枨加矮老的方式加固。也有用牙板来加固四条腿足的。

桌子的命名，一般与桌面的形状有关，如方桌、长桌、圆桌、半桌、条桌等。另外，也有以桌子的用途命名的，如放在炕上或床上使用的叫炕桌，为弹琴而设的叫琴桌，为下棋而设的叫棋桌。诸如此类的还有茶桌、酒桌、书桌、画桌等。这些桌子因用途不同，在造型结构上也略有不同。如画桌、酒桌等一般不设抽屉，因使用时不便开启。

"一腿三牙"的桌式结构，是明式桌中最有代表性的式样。因这种桌式要求把四条腿缩进安装，故每一条腿均与三块牙子（左、右各装有一块，在桌面角下还装有一块托角牙）相交，每两条腿足之间又装有一根罗锅枨。腿的缩进安装和罗锅枨向上凸起，使桌下的空间高度加大，便于人们使用。

◆ 半桌（清代 红木）

◇ 炕桌

炕桌是在炕上使用的矮型家具。炕桌的长宽比约为3∶2，用时放在炕或床的中间。炕桌的基本形式有无束腰直足直枨或罗锅枨的，有束腰马蹄足直枨或罗锅枨的，但均采用与杌凳相仿的结构形式。

◇ 酒桌

酒桌是一种形制较小的长方形桌。桌面四周有一道阳线，叫"拦水线"，以防止酒肴倾洒时弄湿衣服。

◆ 黄花梨折叠式炕桌（明代）

◇ 方桌

方桌指桌面四边长度相等的桌子。尺寸大者，可供八人围坐，叫"八仙桌"；尺寸中等者，叫"六仙桌"；尺寸小者，叫"四仙桌"。从结构的角度来看，常见的方桌又有如下几种：

方腿带束腰霸王枨方桌：是为了最大限度地消除桌子对人们腿足的限制，尽量减少表面构件而采用的一种做法。其做法是在每个桌子角内侧，用一根特制的"S"形曲枨，将腿和桌面穿带连接起来，从而起到固定的作用。这种桌子造型清秀，又非常结实。

◆ 酒桌（明代 柞木）

方腿带束腰罗锅枨加矮老方桌：外形与普通方桌一样，只是在牙条以下的腿足之间，安装罗锅枨和矮老，又与桌牙、束腰共同来支撑桌面。一般来说，凡带束腰的桌子，四足均削出内翻马蹄。方桌、长桌都是如此。

圆腿无束腰罗锅枨加矮老方桌：这种桌子的四腿上端直接支撑桌面四角，四条腿足之间用罗锅枨加矮老的结构来加固。桌体通体光素，不加雕刻装饰。方桌、长桌中有不少采用这种做法的。

一腿三牙方桌：这种桌子形式独特，既不用束腰，又不用矮老，突出特点是侧脚收分明显，足端也不作任何装饰，且多用圆料。桌面边框较宽，除了横向和纵向桌牙外，还在桌角下安一小形牙板，这三个桌牙都同时装在一条腿上，支撑着桌面，俗称"一腿三牙"。有的在四面长牙板下另装一高拱罗锅枨，使家具更加坚实、美观。

展腿式方桌：即在束腰以下采用展腿形式。展腿是明式家具中的流行工艺：牙条和腿的上端插肩相交，壶门式彭牙和腿上端的拱肩构成一体，

◆ 方桌使用图（明代）

◆ 黄花梨两用方桌（明代）

◆ 嵌云石雕花方桌（清代）

◆ 六方桌（清代）

◆ 明式供桌（明代 榉木）

◆ 马蹄脚方桌（明代 红木）

于其上刻有浮雕卷草纹或兽头衔环，展腿与腿足相交处常刻飞云翅。展腿起初是可装卸家具的一种式样，展腿以上其实是一件矮腿的炕桌，为了摆在地上当高桌用，在展腿下又加了一层腿，为了牢固，展腿之下装有双横枨。后来，将展腿改用一木连做，有很强的装饰功能。

方桌用攒接法做牙子，也是一种常见的式样。

◇ 半桌

半桌只有半张八仙桌大小，既可以在人少时单独使用，也可在人多时与八仙桌拼在一起使用，故又名"接桌"。半桌的式样有带束腰的，也有不带束腰的。半桌、接桌之名，既见于古代文献，也是行业术语，是明式家具中典型的桌子式样。

◆ 雕狮拼圆桌（清代 红木）

◇ 长方桌

　　长方桌专指接近正方形的长方桌。它的长不超过宽的两倍。如果长度超过宽的两倍以上，那就应称为长条桌（或"长桌"、"条桌"）。

◇ 炕桌

　　炕桌是在床榻上使用的低型家具。它可以采用大形桌案的结构，也可以采用凳子的结构，如彭牙鼓腿炕桌、三弯腿炕桌等。

　　彭牙鼓腿炕桌是腿部在束腰下形成一个向外伸出，然后又向里弯曲，形成内翻马蹄，四腿呈弧形，边牙不是垂直向下而是随着四腿的弧度向外张出。

　　三弯腿炕桌上部与彭牙鼓腿结构相同，唯足端向里弯曲后又来个急转弯向外翻出，做成外翻马蹄。这种造型，一般都带托泥。

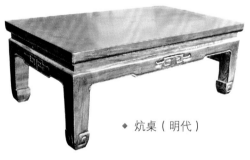

◆ 炕桌（明代）

◆ 黄花梨木束腰齐牙条炕桌（明代）

◇ 琴桌

专用的琴桌在宋代就已出现，如宋徽宗赵佶《听琴图》中的琴桌。一般琴桌，面阔可容四琴，长过琴的三分之一。琴有大小，桌亦有大小。使用时，先以桌就琴，以音色美者为好。

明代琴桌大体沿用古制，尤讲究用石板面，如玛瑙石、南阳石、永石等，也有采用厚面木桌的。此外，还有以空心砖代替桌面的，还有填漆戗金的，桌身遍体雕刻龙纹填金的图案。

◆ 仿竹节式琴桌（现代）

◇ 棋桌

棋桌是专用于弈棋的一种桌子，多为方形，双层套面，个别还有三层面者。套面之下，正中做一方形屉，里面存放棋具、纸牌等。方屉上有活动盖，两面各画围棋、象棋两种棋盘。棋桌相对的两边靠左侧桌边，各做出一个直径10厘米、深10厘米的圆洞，是放围棋子用的，上有小盖。不弈棋时可将上层套面套上，或打牌，或作别的游戏。平时也可用做书桌，是一种多用途的家具。

◆ 棋桌（近代）

＞ 清式桌

清式桌有供桌、宴桌、方桌、长桌、条桌、画桌、琴桌、炕桌等多种类型。从结构上说，清式桌大多有束腰，牙条最常见的式样是正中下垂洼膛肚，有的雕刻有玉宝珠纹，足端削出硬角拐弯的回纹马蹄，还喜欢运用各种材料在硬木桌进行镶嵌装饰，如木雕装饰、竹黄包镶、棕竹包镶、嵌竹、嵌瘿木等，工艺极为精巧。

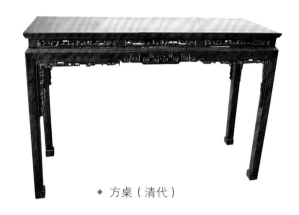

◆ 方桌（清代）

◇ 供桌

供桌是年节时供奉祖先时摆放祭品的桌子，又叫祖先桌。在式样上并无特别之处，是依用途而命名的桌子。

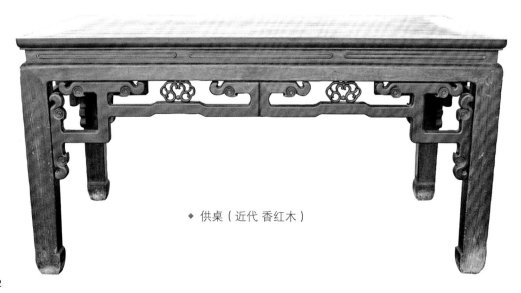

◆ 供桌（近代 香红木）

◇ 宴桌

清代宫廷正式的筵宴还是遵循历代大宴席地而坐的惯例，要使用一种较矮（高于炕桌）的桌子，叫宴桌。清代宫廷中有许多做工精细的宴桌。

◇ 琴桌

琴桌是放置古琴的桌子。为了便于抚琴，琴桌比一般桌子略矮些。琴桌属文房用具，在式样上力求文雅之气，造型和雕花装饰都比较精美。还有些琴桌仿竹藤家具风格，多用劈料做法。

◆ 紫檀木雕云龙纹长方桌（清代）

◆ 钩子圆琴桌（清代 红木）

◇ 炕桌

　　火炕是一种砖木结构的大床，内部有烟道供暖，流行于北方地区。炕一般倚窗而砌，面积比床大很多，是北方居民晚上睡觉、白天生活的主要场所。清代炕桌、炕案、炕几等适合于炕上使用矮腿家具式样较多，带抽屉的桌子也逐渐多了起来。此外，还有采用折叠腿、活腿结构的桌子，地下、炕上，功能多样。

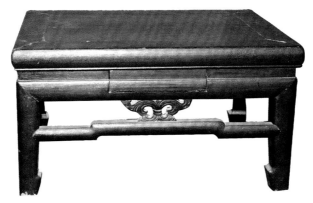

◆ 炕桌（近代）

≫ 凳子的式样及形制特点

　　凳子是汉代时才出现的无靠背坐具，当时的名称是"胡床"，也是汉代北方少数民族发明的。汉代以前，汉族地区也使用一种"凳"，但不是坐具，而是上床所用的脚凳。在汉族人习惯席地而坐的时代里，凳子的作用并不大，所以也没有太大的发展。魏晋南北朝至唐代，由于民族的大融合，中原汉族的生活习俗渐次改为垂足坐，凳子的使用也逐渐得到普及。一部分凳子因要和高腿条桌配套使用，发展成可坐数人的条凳。供单人使用的无靠背坐具有方形和圆形两类。圆形无靠背坐具中有形似鼓的圆墩，其做工、装饰均不同于圆凳。

＞凳子的沿革发展

凳，最早专指上床用的脚登的物品，《释名·释床帐》说："榻登施大床之前、小榻之上，所以登床也。"故知，最早的凳不是坐具，而是后来被人们称为脚踏或脚凳的用具。

杌凳，是指无靠背、无扶手的坐具。杌，本是古时胡床的别名，俗称交杌，由于椅凳名称的流行，杌也就专指无靠背的坐具了。

凳子在汉代就已出现。辽宁辽阳汉墓壁画《杂技图》中的杂技艺人就在圆凳上表演。汉代圆凳是一种上下大、中间细，形如细腰鼓的坐具，在当时被称为胡床。

两晋南北朝至唐代，凳子使用较为普遍。1959年，河南安阳隋代张盛墓出土的殉葬明器中有两件瓷凳，凳面为长方形，中间有两个小方孔，凳腿与凳面同宽，和现代的凳差不多。这是目前所见年代最早的凳子实物模型。

唐代时，高型家具有了较大发展，凳子也多了起来。唐代《宫乐图》描绘了许多宫女围坐在一个长方形的大案周围宴饮、演乐的场景，其中所画坐具都是带花纹、垂流苏的月牙形杌凳。这种"月牙杌凳"，在唐代《挥扇仕女图》中描绘得更加细致：图中凳子的漆地上有彩绘的花纹，在腿足之间的牙板上钉有金属环。这种"月牙杌凳"流行于五代时期。

魏晋时期出现的细腰圆凳在唐代仍很流行。西安王家坟唐墓出土的三彩女坐俑所坐的便是这种坐具。

沈从文先生在《中国古代服饰研究》说："坐具作腰鼓式，是战国以来妇女为熏

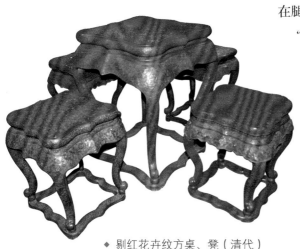

◆ 剔红花卉纹方桌、凳（清代）

◆ 清式六角机凳（近代）

◆ 圆凳（近代）

香取暖专用坐具。大小不一，因为此外还用于熏衣被或巾帨。近年战国楚墓出的熏笼，还多如一般鸡笼，即《楚辞》所称'笼篝'。或如捕鱼罩笼，也即《庄子》中'得鱼忘筌'的'筌'。一般多用细竹篾编成，讲究些则朱黑髹漆上加金银绘饰。汉晋时通名'熏笼'，如曹操《上杂物疏》及《东宫旧事》即各有漆绘大小熏笼记载。南北朝时转为佛教中特别受抬举的维摩居士坐具。受佛教莲台影响，作仰莲覆莲形状，才进展而成腰鼓式。唐代妇女坐具，亦因此多作腰鼓式，名叫'筌台'或'筌蹄'。宫廷用于年老大臣，上覆绣帕一方，改名'绣墩'，妇女使用仍名'熏笼'。转成腰圆状，则叫'月牙儿'。"

唐代长凳，可参见敦煌473窟中的唐代壁画《宴饮图》。画中的长条凳，可坐四至五人，是与条桌配套使用的坐具。

圆凳和鼓式墩，是五代时出现的。从《韩熙载夜宴图》和五代《宫中妇女图》中可见到当时鼓式墩和圆凳的形制。

宋代是高足家具普及的时期。从宋代绘画中可见一些椅凳家具。如宋代名画《小庭婴戏图》中所画的方凳，凳面不是硬板，而是采用编织席，足部削出马蹄。

◆ 明式黄花梨木小方凳（现代）　　　　　　◆ 黄花梨木小方凳（明代）

宋画《浴婴图》和宋徽宗《文绘图》中所画的圆凳，没有四足，是用藤条弯成圆环，再将圆环拼连起来，上部安坐面，下部安托泥，坐面板心还彩绘大团花。又有模仿藤圈的形式做成的上下小、中间大的大圆墩，四周开有多个圆形亮洞。宋人《婴戏图》中所画的大圆墩，四周开有7个孔，腿足上有彩绘花纹，托泥下还有小龟脚，十分精美。

　　宋代民间家具，可从宋代张择端的《清明上河图》中看到一些。图中，沿街小店中布满各式桌凳，它们的形制都较简单，普遍使用了侧脚和收分做法，即"四腿八挓"。

　　元代家具基本继承了宋代遗风，家具的使用和发展变化也不明显。坐具中凳子的等级稍次于椅子。《元人画冬室画蝉图》中画有一种缩面桌凳，即面板较四面边牙缩进一些，四足不用方腿或圆腿，而是用两条板材拼成直角，使两宽面朝外，四足形似鸭脚的蹼儿。据传这种做法始自唐代，传到日本后广为流行。清代时，官府从日本进口的家具中就有这种做法的。

＞明式凳子

明式凳子有方、圆两类，其中，方凳的种类较多，形制和装饰手法也各不相同，但一般可分为有束腰和无束腰两类。

◇ 有束腰马蹄足式机凳

这类凳子是典型的明式家具，面板多为方形，方腿（很少有用圆腿的），凳面下有束腰，可采用曲腿或三弯腿式，足端都做出内翻或外翻马蹄。

◇ 无束腰直足式机凳

此凳的特点是多用圆材，或外圆内方材，四足都采用侧脚做法，凳面为方形。凳腿有方腿和圆腿，腿足无论是方是圆，其足端都不加任何装饰。凳腿之间采用罗锅枨加矮老、裹腿和劈料等做法，也由此形成一些式样。

◆ 黄花梨木束腰霸王枨方凳（明代）

◆ 黄花梨木束腰罗锅枨方凳（明代）

◆ 黄花梨木带踏床交杌凳（明代）

◆ 圆脚小方凳（明代 榉木）

◆ 黄花梨木有束腰罗锅枨二人凳（明代）

　　凳面的板心也有很多种，有用瘿木、硬木、藤席、大理石、漆面板为心的，用材和制作都很讲究，正如《长物志》说："凳亦用狭边厢者为雅，以川柏为心，以乌木厢之最古。不则竟用杂木，黑漆者亦可用。"

◆ 圆凳（现代）

◆ 鼓式五开光绣墩（明代）

◇ 春凳

放置在床前的长方凳，可供两人同坐，亦可以放置器物。

◇ 梅花凳

凳面呈梅花形，有五足，式样较多，做法不一，其中以鼓腿彭牙、下置托泥的式样最美，做工最复杂。

◇ 圆凳

明代圆凳也称圆杌，一般形体较大，四足彭出，足端向里兜转，削成内翻马蹄。

◇ 八足圆凳

结构简单，只用八根劈料（用一根料做出用两根木料拼成的外表）做成弯足，上承圆框坐面，下与圆框托泥连接。此圆凳的造型介乎圆凳与坐墩之间，但因没有开光、鼓钉等一般明式坐墩的特征，故为圆凳。

◇ 圆鼓坐墩

坐墩状如花鼓，上下小，中间大，故又名鼓墩。又因古人喜欢在鼓墩上铺锦披绣，故又名绣墩。其按制作材料分木制、蒲草编织、竹藤以及雕漆、彩漆描金和瓷制等。木制坐墩通常用紫檀、黄花梨、红木制作，以圆鼓形为流行式样。此外，木制坐墩还有做工更为复杂的瓜棱式、海棠式等。六角、八角形的木制坐墩，是明晚期出现的式样。

明式硬木圆鼓坐墩有四开光、五开光之分，五开光为流行式样。圆坐面采用攒框拼成圆边，镶圆形板心，板心因采用落膛踩鼓做法，板心略外凸。圆座上、下侧面各起一道弦纹和鼓钉纹，还保留着蒙皮革、钉帽钉的装饰形式。五条弧形腿足，两端格肩，用插肩榫与上面、下底相接，并构成圆鼓的腹部及五个海棠式镂空开光，便于搬抬。这是明代至清前期流行的式样。

◇ 直枨式坐墩

此类坐墩是用二十四根长条，上、下各以短条相间榫结而成，墩壁上形成条

◆ 明式直枨式圆绣墩（现代）

◆ 长凳（明代）

形孔，却无圈口。坐面及底座的边上各有鼓钉纹一道。其造型优美，优点是能用较小木料制作。

◇ 条凳

凳面为窄长条形，四足采用侧脚和收分做法，即"四腿八挓"，可供两三人同坐，稳定性强，是民间广泛使用的家具。

◇ 脚凳

明代还流行一种用于强身健体的脚凳，明代文人笔记中多有记载。如《长物志》说："以木制滚凳，长二尺，阔六寸，高如常式，中分一铛，内二空。中车圆木二根，两头留轴转动，以脚端轴，滚动往来。盖涌泉穴精气所生，以运动为妙。"

《遵生八笺》说："涌泉二穴，人之精气所生之地，养生家时常令人摩擦。今置木凳，长二尺，阔六寸，高如常。四桯镶成，中分一铛，内二空，中车圆木二根，两头留轴转动，凳中凿窍活装。以脚端轴，滚动往来脚底。令涌泉穴受擦，无烦童子。终日为之，便甚。"

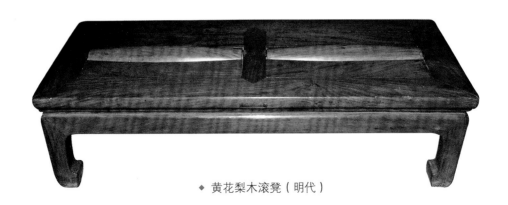

◆ 黄花梨木滚凳（明代）

> 清式凳子

清式凳在结构上与明式有所不同：明式凳腿足之间的横枨多数安装在腿足的上半部，清式凳腿足之间的横枨多数安在腿足的下半部。

另外，明式凳中有许多是无束腰的杌凳，清式凳则以束腰为主，无束腰的杌凳很少。清式方凳、圆凳的尺寸也较明代小些，式样清秀，宜摆放在小巧精致的房间之中。

◆ 紫檀木海棠式坐面杌凳（清代）

◇ 坐墩

与明式坐墩相比，清式坐墩有三个特点：一是清式坐墩的式样更多些，有圆鼓形、海棠形、多角形、梅花形、瓜棱形等；二是清式坐墩的造型较为清秀，明式坐墩造型墩实。清式坐墩的坐面比较小，在圆形坐墩上体现得尤为明显；三是清式坐墩注重雕工，雕饰华美。

◆ 四开光圆绣墩（清代）

》椅子的式样及形制特点

椅子是有靠背的高型坐具，材质有木、竹、石等。和别的家具相比，椅子出现得很晚，到唐代才有正式的名称。明代，椅子的式样逐渐多了起来。当时人将精巧、实用的传统美学观念和人体结构相结合，创造了风格简约、舒展大方的明式家具。明代中晚期，出现了用黄花梨木、紫檀木、铁力木、酸枝木制作的明式硬木椅子。它们是中国明式家具中最具典型性的品种。清式椅子在明式的基础上又有所变化，主要是增加了雕刻装饰，变肃穆为流畅，化简素为雍贵，并加大了椅子的尺度。

＞椅子的沿革与发展

　　我国古代很早就有"椅"和"倚"字，但都不是指现代意义上的椅子。"椅"字，最早是指一种被人们称为"山桐子"、"水冬瓜"的树木，其木材可制作家具。"倚"字的意思就是斜靠着，后来人们把带围栏、可依凭的坐具称为椅子，也是源起于此。

　　椅子的起源，明代罗颀《物原》说："召公作椅，汉武帝始效北番作交椅。"按此说，椅子始于西周初期，但目前还没有发现相应的考古实物，故此说尚无实证支持。

　　宋代高承《事物纪原》引《风俗通》说："汉灵帝好胡服，景师作胡床，此盖其始也，今交椅是也。"《后汉书·五行》载："灵帝好胡服、胡帐、胡床、胡坐、胡饭……京都贵戚皆竞为之。"

◆ 《韩熙载夜宴图》（五代）

依据这两段记载，椅子的出现当在汉灵帝时期，其前身是汉代时由北方传入的胡床。

南北朝时出现了四条直腿的扶手椅，但人们还习惯称它为胡床。唐代中期以后，因椅子逐渐增多，椅子才从"床"的名称中分离出来，始有"椅子"之名。据专家研究，椅子的名称始见于唐代《济渎庙北海坛祭器杂物铭》碑阴："绳床十，注：内四椅子。"由碑阴文可知，唐代时，带靠背的名为椅子，不带靠背的则仍被称为床。而且此时，椅子这一名称并不普遍，许多人仍把椅子称"床"。例如，唐代诗人杜甫在《少年行·七绝》："马上谁家白面郎，临阶下马坐人床。不通姓字粗豪甚，指点银瓶索酒尝。"描写一个贵族子弟骑着马走在街上，随意走进素不相识的人家中，坐在客厅的椅凳上，很不客气地向房主讨酒喝。诗中所说的"床"，肯定不是供睡觉之用的床。诗人李白的《吴王舞人半醉》绝句："风动荷花水殿香，姑苏台上宴吴王。西施醉舞娇无力，笑倚东窗白玉床。"诗中十分明确地把可倚靠的椅子称为"床"。"笑倚东窗白玉床"是说西施带着醉意跳了几回舞后，娇柔无力，面带微笑，倚坐在东窗下镶嵌着白色玉石的椅子上休息。

唐代中期以后，垂足而坐盛行，宫廷中上至帝王将相，下至宫女、歌伎，都开始使用高型坐具。《唐代帝王像》中画有精工制作的椅子。如《唐太宗李世民像》中所画的坐椅，为带束腰、四直腿式。棱角处起线，上侧安托角牙，后背立四柱，中间两柱较高，上装弧形横梁，两端雕成龙头。扶手由后背中柱绕过后边柱后又向前兜转，搭在前立柱上。扶手与坐面边框之间的空档镶圈口花牙，扶手端头也雕成龙头形状。坐面上铺以软垫，椅背上有衬背。《唐明皇像》中所画的椅子，是圈椅。椅圈作成板沿状，上面似有珠宝之类的镶嵌物。扶手端头做出云纹式样，四条腿也做成云纹式样。椅前设脚踏，四面镂出壶门，下附托泥，四角似有金属包角装饰。

五代时，南唐画家顾闳中所画的《韩熙载夜宴图》中绘有两种椅子：一种不带脚踏，稍小；一种带脚踏，形体较大，人们可以在坐面上盘腿坐。此外，五代《宫中妇女图》等绘画中也画有不同形制的椅子。文字记载有《新五代史·景延

◆ 范仲淹像摹写本（宋代）

广传》："延广所进器服，鞍马、茶床、椅榻，皆裹金银，饰以龙凤。"从这些形象资料和文字记载可知，五代时的椅子，其式样之多和装饰之美并不逊于唐代。

宋代时，椅子成为一种普遍使用的坐具。《宋代帝后像》中的椅子上有精美的彩漆花纹。传世的宋画《戏猫图》、《村童闹学图》、《会昌九老图》中皆画有椅子。另外，河南方城盐店庄出土的九件石椅，方城出土的残石椅，河北巨鹿出土的坐椅，其造型和结构都接近现代的椅子。

◇ 太师椅

太师椅是宋代仕宦贵族家中必备的坐具，故名"太师椅"。"太师椅"之名的由来，见宋代张端义的《贵耳集》："今之校椅，古之胡床也，自来只有栲栳样，宰执侍从皆用之。因秦师垣在国忌所，偃仰，片时坠巾。京尹吴渊奉承时相，出意撰制荷叶托首四十柄，载赴国忌所，遣匠者顷刻添上。凡宰执侍从皆有之，遂号太师样。"

文中所说的秦师垣，即南宋时任太师的大奸臣秦桧。这是太师椅的由来。从式样来看，太师椅是在栲栳圈椅子上添加木制荷叶托首。有人把可以折叠的交椅也称为太师椅，看来是不妥的。从南宋绘画《春游晚归图》、《中兴祯应图》中可以看到当时太师椅的形象。两幅图中侍者肩上所扛的栲栳圈交椅的椅圈上都安有荷叶形托首，与上文描述的太师椅完全相同。

◇ 交椅

交椅是宋代上层官员使用的一种高
档家具。宋人王明清《挥麈三录》载：
"绍兴初，梁仲谟汝嘉尹临安。五鼓往
待漏院，从官皆在焉。有据胡床而假寝
者，旁观笑之。又一人云：'近见一交
椅样甚佳，颇便于此。'仲谟请之，其
说云：'用木为荷叶，且以一柄插于靠
背之后，可以仰首而寝。'仲谟云：
'当试为诸公制之。'又明日入朝，则
凡在坐客，各一张易其旧者矣。其上所
合施之物悉备焉。莫不叹伏而谢之。今
达宦者皆用之，盖始于此。"可惜这种
椅子没有实物流传下来。

元代时，交椅是有身份的人才能使
用的坐具，只有地位较高和有钱有势的
人家才可在厅堂摆放交椅。一般是摆成
"八"字形，宾主对坐。也有在大堂正
中放一把交椅，左右两侧摆放一至数把
交椅。元代时，交椅仅供主人和贵客使
用。妇女和下等人只能坐圆凳或马扎。
如元刻《事林广记》插图，男主人和一
位贵客分别坐在交椅上谈话，其他人皆
侍立左右。内蒙古元宝山元代墓葬壁画
中的男主人端坐交椅上，而女主人却坐

◆ 灵芝太师椅（清代 红木）

◆ 交椅（明代）

在圆凳上。山西文水北峪口元墓壁画中也是男主人坐交椅，而两位妇人坐方凳。永乐宫元代壁画中画有一位妇人，从其身前的侍女和她的发型看，也是有身分的贵妇，但妇人所坐的是交杌（即马扎）。

> 明式椅

明代椅子式样较多，传世实物也较为丰富，有宝座椅、交椅、圈椅、官帽椅、靠背椅、玫瑰椅等。

◇ 交椅

明代交椅还保留着宋代的旧式样，当时人将带靠背的称交椅，不带靠背的称交杌或马扎。皇家贵族和宦门大户外出巡游和狩猎时会携带交椅，《明宣宗行乐图》中就有交椅的形象。

交椅有圆弧形的靠背及扶手，从高到低一顺而下，坐靠时人的臂膀可以都倚着圈形的扶手，十分舒服。坐面是软屉，椅腿可以折叠，下面有踏床。

从制作工艺上看，交椅圆弧形的靠背及扶手对木材的纹理要求很高，因为木纹与交椅靠背和扶手的弯曲度不同时，交椅的靠背和扶手易折断。做工讲究的交椅，

◆ 黄花梨木圆后背交椅（明代）

其靠背和扶手是"三拼"（即用三条弧形的木，用楔钉榫而成）的。一般做工者为"五拼"。

◇ 圈椅

圈椅是由交椅演变而来的。因主要供人在室内使用，故而去掉了交椅中可折叠的腿式结构，保留了舒适的椅圈结构，以木板为坐面，下设固定的四足，坐面以上还保留着交椅的原形。圈椅一般陈设在正屋八仙桌的左右两侧。

圈椅的圆弧形的靠背及扶手，对木材

◆ 明式交椅（现代）

◆ 黄花梨木透雕靠背圈椅（明代）

◆ 明式圈椅（现代）

的纹理要求很高，也很费料，讲究的采用是
"三拼"，一般则采用"五拼"。

　　从结构上看，明式圈椅有两大类常规
做法。第一类，即前腿与鹅脖（扶手下的立
枨）为同一根木材，后腿与靠背的立枨为同
一根木材，靠背板攒框嵌板而成，其上略有
浮雕装饰。座下三面均装有壶门式雕花券口
牙子。圈椅的鹅脖（前腿上端）一般是曲形
的，在椅圈与立柱、鹅脖与扶手、靠背板与
椅圈之榫结处，均装有锼花边的花牙。脚跟
处装有步步高管脚枨，其下亦装有锼花边的
脚牙。此类椅式，风格简朴，清新雅致。从
工艺上讲，此类椅式的四条腿要用长木料，
对木料的纹理走向要求很高，制作难度也较
大（因四腿略外翻，又是圆腿，榫卯制作难
度很大）。

　　第二类，鹅脖和椅圈、立柱与腿足分
别制作，是圈椅的另一类结构形式。靠椅座
下采用面板、束腰、托腮、牙板、三弯腿、
龙爪足、托泥的结构形式。靠背板上有精美
的浮雕装饰。靠背板、后立柱、鹅脖均装有
曲边花牙。高束腰的两侧装有圭柱，嵌有绦
环板式的浮雕螭龙装饰。托腮较宽。三弯腿
与壶门式牙子榫接得很好，浑然一体，其上
有卷草纹浮雕。龙爪足下有须弥座式托泥。
托泥也采用壶门式牙条。此类椅式，风格豪

◆ 皇宫圈椅（明代 红木）

◆ 竹节圈椅（明代 红木）

华，气势不凡。从工艺上讲，此类椅式的座与腿是分离的，四条腿只用短木料，对木料纹理走向要求不高，因四腿与牙条、管脚枨是垂直相交，故制作较易。

另有一种圈椅，背板高过椅圈，稍向后卷，可以搭脑，更为舒适。

还有一种圈椅的椅圈通过两条后角立柱后并不向下延伸，无扶手，造型较新颖。

◇ 四出头官帽椅

明式扶手椅的典型式样之一，造型特点如下：

椅子搭脑的正中，被削出斜坡，向两边呈"八"字微微下垂，然后又挑起，且两端出头，形似"官帽"。另外，左右两个扶手的前端也都出头安装，故名"四出头官帽椅"，或简称"四出头"。

靠背板是一块上部凹陷、下部凸起的弧形曲面，侧看呈"S"形，上与搭脑、下与椅座相连，形状呈符合人体脊背自然弯曲度的曲线。椅子的两条圆后腿自扶手处便向后弯曲成一个弧度，最上端由搭脑相连接。扶手也是弧形的。每个扶手下有两根起支撑加固作用的立枨。前面的一根叫"鹅脖"，也是弧形的。中间的一根叫"联帮棍"，其形状也是先向外弯，然后内敛，再与扶手相接，俗称"镰刀把"。

椅座之下，迎门的券口牙子采用壶门做法。

四出头官帽椅。一般与茶几配套使

◆ 明式四出头官帽椅（现代）

◆ 四出头官帽椅（明代 榉木）

用，以四椅二几置于厅堂明间的两侧，作对称式摆放，用来接待宾客。

　　由于四出头官帽椅在许多处都采用弧形曲线，不仅费材料，而且对木材的纹理也有很高的要求，所以工艺难度较大。它以朴素、大方的造型和清晰美丽的纹理色彩成为明式家具的优秀代表。

◇ 南官帽椅

　　这类椅是流行于南方的明代著名椅式，与四出头官帽椅稍有不同之处，即搭脑的两端和两个扶手的前端均不出挑，但搭脑仍向后凹进，形似官帽，故名"南官帽椅"。南官帽椅也有几种样式。

　　有一种四出头南官帽椅，靠背很高，自扶手处起向后打了个活弯，靠背板也是向后打了个活弯与搭脑相连。其后腿有较大的弯曲度，制作工艺较难，还费料，是明代流行的样式。背板上常浮雕双螭团花纹，这也是明式椅流行的做法。

◆ 铁力木四出头官帽椅（明代）

◆ 黄花梨木四出头官帽椅（明代）

◆ 南官帽椅（明代 榉木）　　　　◆ 清式扇面南官帽椅（现代）

　　靠背较矮的南官帽椅，靠背用三根直圆立帐，座下面三面均采用罗锅帐加矮老，脚跟处装"步步高赶脚帐"，据说有步步高升的吉祥寓意。

　　还有的南官帽椅，椅座为扇面形，搭脑的弧度则向后凸，与大边的方向相反。全器为素浑面，只在靠背板上浮雕。坐面下三面安装洼堂肚式的券口牙子，沿边起灯草线。其造型不如四出头式来得大方，但装饰手法上比较容易发挥，可采用多种形式装饰椅背和扶手；用材可圆可方，可曲可直。它的特点是在椅背立柱和上横梁交接处做成45°格角榫，或立柱作榫头，横梁作榫窝，平压在立柱上。再将棱角磨圆，形成软圆角。

　　椅背多做成"S"形曲线，中横数格，或镂一透孔如意云头，或雕一组简单图案。最下一格多镶一朝下的牙板，浮雕一组勾莲花纹，这种造型十分美观。

　　南官帽椅还有彩漆描金的，和硬木椅相比，属于下品。

◇ 养和

一种没有腿足和坐面的靠背，靠背后面有支架，可以调节角度。一般多在炕上使用，也可放在室外草席上。这种家具虽不常见，在古书和名画中却多有记载和描述。如明代《遵生八笺》所说："以杂木为框，中穿细藤，如镜架然。高可二尺，阔一尺八寸，下作机局以准高低。置之榻上坐起靠背，偃仰适情，甚可人意。"在历代名画中也时有所见，如宋代李嵩《听阮图》、明代谢时臣的《画山水扇》中都画有养和。

◇ 欹床

即没有腿足的椅子，但靠背可以调节角度。《遵生八笺》说："欹床，高尺二寸，长六尺五寸，用藤竹编之，勿用板，轻则童子易抬，上置圈靠背，如镜架，后有撑放活动，以适高低。如醉卧偃仰观书，并花下卧赏俱妙。"明代时，欹床在新疆、内蒙古等少数民族聚居的地区十分盛行，因为与其他家具相比，欹床最方便在帐篷之中的地毯上使用。

◇ 靠背椅

没有扶手的椅子都是靠背椅，靠背椅的造型变化主要是搭脑与靠背的不同。例如，比灯挂椅的后背宽的椅子叫"一统碑椅"，言其像一座碑碣，南方民间亦称"单靠"。

灯挂椅：靠背椅式样之一，其搭脑的两端挑出，因很像江南农村竹制油盏灯的提梁而得名。

梳背椅：靠背椅式样之一，因椅子的靠

◆ 灯挂椅（明代）

背采用的圆梗均匀排列，形似梳子而得名。

屏背椅：靠背椅式样之一，因把椅子的靠背做成屏风式而得名，常见有独屏式和三屏式等。

◇ 玫瑰椅

在宋代绘画上偶有所见，明代则使用较为普遍。大多以花梨木或鸡翅木制作，一般不用紫檀。它凭借花梨木独特的色彩和其别致的造型，使人产生赏心悦目之感。

"玫瑰椅"之名，史书未见记载，是北京匠师的俗称。江南一带多称"文椅"。《鲁班经匠家镜》中的"玫瑰"二字，一般指很美的玉石。时有"瑰子式椅"，是否指玫瑰椅，目前还不能确定。

玫瑰椅有三个基本特点：一是靠背和扶手与椅座均为垂直相交；二是靠背较

◆ 屏背椅（明代）

◆ 黄花梨玫瑰椅（明代）

低，仅比扶手略高一点；三是因靠背的装饰不同和采用牙子的不同而有多种样式。玫瑰椅一般靠窗台摆放，这种使用方式决定了其靠背不能高出窗沿。如果和桌子一起使用，椅背不能超过桌面的高度。常见的式样是在靠背和扶手内部装券口牙条，与牙条端口相连的横枨下又安矮老（短柱）或结子花，是玫瑰椅的典型样式。也有在靠背上做透雕的，式样较多，别具一格。

◇ 围椅

因椅面上安装由独板组成的靠背和扶手，类似小型的围屏，故称围椅。这种坐椅是明式椅子的一种变体式样，传世实物不多见。

◇ 六方椅

其形制特点是以南官帽椅做法为基础，将四方形坐面改为六角形，并相应设有六条腿足，六条腿足之间装有管脚枨，扶手前端不出挑，北方称"六方椅"，南方称"六角椅"。

六方椅的体形较大，线脚复杂。椅座以上的靠背、搭脑、扶手、联帮棍都采用瓜棱线脚，椅座起冰盘沿，管脚枨采用劈料做芝麻梗，椅腿看面采用瓜棱线脚。

◇ 轿椅

轿椅式样和圈椅相似，唯坐面离地很矮。使用时要加上底盘，穿上轿杆，抬起

◆ 仿明代六方椅（现代）

来行走用。轿椅也有摆在室内使用的，但一般靠背后仰角度较大，座心为软屉。

◇ 宝椅

宝椅是宫廷用椅，民间俗称"宝座"。从结构上看，形体较大，坐面以下采用床榻做法，多采用彭牙鼓腿、内翻马蹄的形式，造型庄重、威严。宝椅一般摆放在皇帝和后妃寝宫的正殿明间，后面要摆一件较大的带座屏风，两边要陈放香儿、宫扇、香筒、仙鹤、蜡扦之类的陈设品。有的宝椅也被摆在配殿或客厅的重要位置。

◆ 轿椅（明代）

＞ 清式椅

◇ 交椅

清代时，交椅仍有制作。但交椅终归是一种折叠椅，在厅堂中使用不够庄重，故逐渐少了起来。清代宫廷中也有交椅，但并非是日常使用的坐具，而是一种在卤簿中使用的器物。交椅一般做工精致，极尽雕饰、贴金之能事，异常华丽。

◆ 灯挂椅（现代）

◇ 靠背椅

　　没有扶手的椅子，统称为靠背椅。在清代较为流行的靠背椅有"灯挂式"和"一统碑式"两种式样。灯挂式靠背椅的特点是：搭脑的两端出挑，由于出挑很长，人们形容其可以挂灯笼，故名。一统碑式靠背椅的特点是：搭脑的两端不出挑，而是与椅后腿上延的部分组成一个长方形靠背，因靠背之形像石碑一样规规矩矩的，故名。

◇ 圈椅

　　清式圈椅式样一如明式，只是制作数量减少。原因是清代有许多豪华舒适的椅式，宜于室内陈设摆放。而圈椅造型十分简朴，又不便于添加装饰，制作工艺难度又很大，所以制作者渐少。

◇ 官帽椅

　　清代中期，官帽椅大量被使用，做法也与明式官帽椅大不一样，主要有如下四点区别：第一，清式官帽椅的椅背已改为垂直安装，椅背是平的，明式则是略向后倾，背板多为曲线形。第二，清式官帽椅的椅背和扶手绝大多数做成屏风式，分三块制作，用走

◆ 单靠椅（近代 红木）

◆ 靠背椅（清代）

◆ 紫檀木南官帽椅（清代）

◆ 圈椅（清代）

◆ 圈椅（清代）

马销结合，正中稍高，两侧依次递减。第三，坐面下大多有束腰，并采用直腿、回纹足，腿间管脚枨常常装在同一个水平线上，俗称"四面平管脚枨"，明式则多采用步步高赶枨。第四，清式官帽椅的纹饰比明式丰富许多，更为华丽，工艺也更加精湛，但结构没有明式科学。

◇ 花篮椅

此椅式出现在清代中朝，是一种在靠背上锼镂雕刻花纹的扶手椅。特点是椅子的搭脑两端不出挑，与后腿交接圆和，还有在搭脑上雕刻花纹的，做工极为精细。

◆ 清式花篮椅（现代）

◆ 拐子纹扶手椅（清代）　　　　◆ 五屏式卷书式搭脑扶手椅（清代）

◇ 独座

　　该椅是清代大户人家在厅堂上或园林建筑中使用的一种扶手椅，江南俗称"独座"。由于厅堂内部高大宽敞，故其中陈设的休闲椅必须够一定的体量尺度，才能有气势，才能与环境相衬。所以，独座的造型吸取了宫廷大椅和宝座的特点，并在其上雕刻云纹、灵芝纹等，一般还在靠背上还镶嵌云石，是江南地区别具一格的座椅。

◇ 炕椅靠背

　　这类椅是在炕上使用的一种坐具，只有椅面和靠背而无腿足，有的靠背的坡度可随意调整。北京故宫中有清雍正时期的炕椅靠背遗物。其通体为黑漆地，描绘金漆流云蝙蝠纹和夔龙纹等。靠背用丝绳编结而成，可以调节与坐面的角度，不用时可将支架放倒，使靠背放平。此器通长153.5厘米，宽82.5厘米，

◆ 什锦椅（近代 红木）

◆ 清式广式扶手椅（现代）

◆ 嵌云石广式扶手椅（清代）

◆ 清式嵌云石广式扶手椅（现代）

◆ 嵌云石扶手椅（清代）

◆ 嵌云石扶手椅（清代）

坐面高8.2厘米，由坐面、座架两部分对接而成。左右和背后边沿上安有夔纹形围栏，高27.4厘米，也由两段组成。围栏中间有活动榫卯，把前后两部分连为一体，不用时可摘下榫头、拔下围栏。围栏为夔纹形状，在空隙中，用香料做成半厘米厚的薄片（一种含有药物的香饼），镂雕出夔纹，镶在当中。围栏边框的下边是描金回纹，上部是描金水波纹。底座四周为黑漆地描金云蝠花纹。坐面由直径约5厘米的八方形香料片拼接而成，并在上面线刻填金云蝠纹和莲花纹，四周附以线刻填金回纹边。后部为靠背架和靠背架底板，底拉平面用斜方格形香料片拼成，四角线刻填金西番莲纹饰，中心是由三条夔龙组成的圆形图案。底板的前部即活动靠背呈波浪形，靠背边框的正面绘以描金万字锦和蝙蝠，和前部坐面边框融为一体。靠背两侧和背后是描金番草花卉。活动支架用圆形木料做成，施以描金花卉，支架的左右和上横杆下侧装饰着镂雕夔纹描金花牙，起着牢固和美化的作用。靠背的中心，用丝绳编结成斜方格图案。背后有三条弧形横枨，靠背随着浪花式边框收在尽头，因而自然地形成凹形上搭脑。

这件家具的坐面和后架底板以及围栏中镶嵌的夔纹香料片名为"紫金锭"。史料记载，雍正八年（1730），江宁织造隋赫德进贡的一批黑漆描金家具中，有黑漆描金甜（填）香镶嵌炕椅靠背、黑漆描金甜（填）香炕几等。这说明这种家具是江南制造的。这种家具在故宫藏品中仅此一件，其珍贵程度不言而喻。

◇ 宝座

北京故宫太和殿雕龙髹金宝座，通高172.5厘米，座高49厘米，横158.5厘米，纵79厘米。上层高束腰，四面开光透雕双龙戏珠图案。透孔处以蓝色彩地衬托，显得格外醒目。座上为椅圈，共有十三条金龙盘绕在六根金漆立柱上。椅背正中盘着一条昂首张口的龙，足令观赏者产生三分畏惧之感。后背分为三格，上格盘金龙，中格浮雕云纹和火珠，下格透雕卷草纹，两边饰站牙和托角牙。座前有脚踏，长70.5厘米，宽42厘米，高30厘米，拱肩，曲腿，外翻马蹄，高束腰。上下刻莲瓣纹托腮，中间束腰饰以珠花，四面牙板和拱肩均浮雕卷草及兽头，与宝座融为一体。它们不仅形体高大，而且坐落在一个长7.05米、宽9.53米、高1.57米的台基上，与六根金龙大柱交相辉映，使整个大殿都变得金碧辉煌，这是皇权至高无上的象征。

◇ 鹿角椅

鹿角椅现存三把，均为清代乾隆年间所制。

其一，乾隆二十七年（1762）鹿角椅，通高104.5厘米，宽103.5厘米，纵78.5厘米，坐面高42厘米，背高62.5厘米。主要构件均为鹿角制成。椅背的弧形圈为两只整鹿角，靠背及椅腿等部分是用若干小鹿角拼接而成的，接缝处包铜镀金錾花蝙蝠形面叶。椅坐面呈椭圆形，以鹿角做边框，上铺木板。足下带托泥，也用鹿角制成。椅背正中上侧嵌象牙板一块，板上刻有乾隆帝题诗：

> 猎获八叉角，良工制椅能。
>
> 由来无弃物，可以备时乘。
>
> 讵是仙都遗，从思家法承。
>
> 夔夔戒倚侧，棣棣慎居兴。
>
> 休脑形犹曲，丰尖柔足征。
>
> 底须七宝饰，朴素审堪称。
>
> ——乾隆壬午仲秋

其二，乾隆二十八年（1763）鹿角椅。通高127厘米，宽80厘米，纵79.5厘米，座高41厘米，背高86厘米。椅坐面四周以两只大鹿角作架，上架木框，框内镶板，构成坐面。坐面呈三角形，前部尖窄，后部宽大，两侧把两只小鹿角装在椅面上，形成扶手，扶手前端装光滑润手的木把。椅下部以大角斜生的枝杈与底部托泥衔

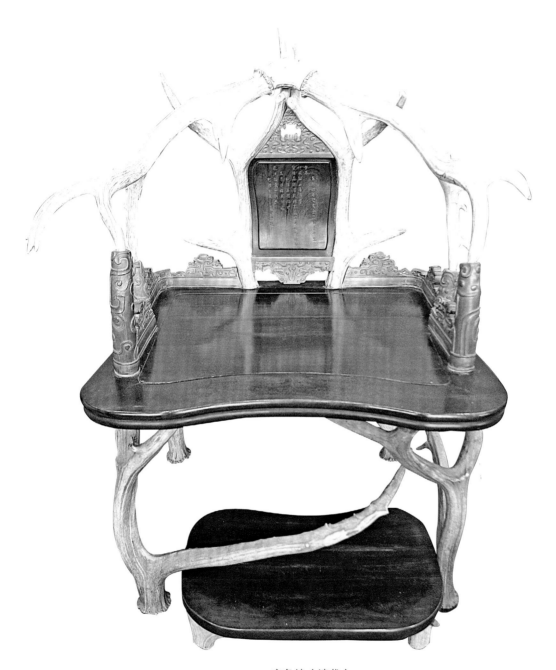

◆ 鹿角椅（清代）

接、形成椅腿。托泥用料厚重，使椅子显得端庄素雅。椅背以两只大鹿角向中间交叉，中镶木板，木板中心浮雕圆环，环内以隶书字体刻乾隆御制诗。

其三，通高131.5厘米，宽92厘米，纵76.5厘米，坐高53.5厘米，背高78厘米。四条腿是四只鹿角，角根部为足，鹿角根部的形状正好是外翻马蹄。前后两面椅腿向里的一侧横生一杈，构成支撑坐面的托角枨，两侧面用另外的角杈作榫插入，形成托角枨。坐面是采用黄花梨木，呈扁平葫芦形，外沿用牛角包嵌成两条横向素混面，两条牛角片中间嵌一道象牙细条。坐面两侧及后面的边框上装骨雕勾卷云纹花牙。靠背扶手是用一只鹿的两只角做成的。正中用两只两端作榫的角把坐面和两只作椅圈的鹿角连在一起。椅圈的角从搭脑处伸向两边，又向前顺势而下，构成扶手。椅背两只竖角之间镶一块红木板，上刻隶书体乾隆帝题诗：

> 制椅犹看双角全，乌号命中想当年。
>
> 神威讵止群藩詟，圣构应谋万载绵。
>
> 不敢坐分惟敬仰，既知朴矣愿捐妍。
>
> 盛京惟远兴州近，家法钦承一例然。
>
> ——乾隆壬辰季夏中御题

此椅还另附脚踏一只，长60厘米，宽30厘米，高12厘米。四足用两对小鹿角制成，角分两杈，主杈作支，侧杈作托角枨。两侧托角枨也和椅子一样，用其他鹿角杈作榫安装。踏面外沿亦用牛角包边。

清代自顺治入关至嘉庆，除雍正未做过鹿角椅外，其余四个皇帝都做过鹿角椅。自道光以后，行围活动就名存实亡了。

据有关史料得知，盛京曾珍藏清太宗皇太极的鹿角椅，避暑山庄曾珍藏康熙帝的鹿角椅，故宫珍藏着乾隆和嘉庆的鹿角椅。清末，由于英法联军和八国联军的劫掠、破坏，清宫旧藏的鹿角椅大都不存。现在鹿角椅仅存三件，极为珍贵。

≫ 箱、柜、橱的式样及形制特点

　　箱和柜，都是形状为长方体的家具，或有盖或有门，用于存放物品。箱和柜的历史都很古老，在商周时已有使用。不过，受席地而坐生活方式的影响，这类家具的发展很缓慢，至唐代时都没有太大的发展。从宋代起，箱和柜与各种实用型家具一样，有了重大的发展。到明代时，箱和柜的式样丰富，并有了明确的用途，成为家居生活中不可缺少的家具。清代的箱、柜在品种上比明代更为丰富，有些品种如陈列柜、多宝等。

　　橱最初是为存放食物而制作的。后来，因用途逐渐扩大，才出现专用的书橱、衣橱等。

　　明代柜、橱种类很多，但在做工上，特点和风格与桌案一样，也都是侧脚收分明显。这种柜橱在明代相当普遍。

> 箱、柜的沿革与发展

◇ 箱、柜

箱、柜的发明年代不详，但在商周已有使用，当时不叫箱、柜，在古书中都记为"椟"或"匮"（西周名）。古代的"箱"是专指马车内存放东西的用具。《说文解字》："箱，大车牝服也。"《毛诗故训传》："箱，大车之箱也。"这种叫法一直沿用到战国时期。

古代还有专用于盛物的匣，形制与柜无大的区别，只是比柜小些。《六书故》曰："今通以藏器之大者为柜，次为匣，小为椟。"但自两汉起，直至隋唐时期，匣和柜仍然没有明确的区分，在古书中常有匣、柜混称的记载。如唐书法家徐浩《古迹记》："武延秀得帝赐二王真迹，会客举柜令看。"可见文中的柜其实是匣。因为按今人的概念，柜大而匣小，一个人是举不起柜的。

据载，唐代时已出现能存放多件物品的大柜子。如《杜阳杂编》载："玛瑙柜，方三尺深，色如茜，所制工巧无比，用贮神仙之书置之帐侧。"文中所载玛瑙柜，是镶嵌着玛瑙的柜子，专门用来存放书籍。

◆ 清式箱（现代）

◆ 小箱（明代）

◆ 黄花梨木小箱（明代）

◆ 小箱（清代）

目前发现年代较早的实物是在河南信阳长台关战国墓出土的小柜和在随县曾侯乙墓出土的漆木衣柜。由于战国以前的"箱"字，实指设在马车内存放东西的用具，故这两处出土的小柜，应为箱。这两个墓中的柜形制大体相同，柜盖隆起呈弧形，盖和柜身四角有突出柜身的把手，这样易于搬抬。两墓共出土衣柜五件，分别彩绘有扶桑、太阳、鸟、兽、蛇和人物等各种图案，有的还在盖上刻有"紫锦之衣"字样。

汉代时，已有了区别于箱、匣的小柜。河南陕县刘家渠东汉墓出土的陶瓷明器中有一件绿釉陶柜模型。而此时"箱"作为一种家具名称，是指形体较大、多用于收存衣被的盛物家具，形制与战国前的柜子相同，后来又改叫"巾箱"或"衣箱"。

宋代的箱子已发现实物。1956年苏州市虎丘公园在维修虎丘塔时发现宋代楠木木箱一件，各部接缝处都镶包银质鎏金花边心，并用圆形小钉钉牢，箱口挂扣着一把鎏金镂花锁，钥匙挂在锁上。

河南方城盐店庄出土了一件石柜，柜分两层，上有盖，下有短足，每层柜屉两侧安提环，便于搬提。这种器物应叫套箱，用来盛装行李，出门旅行时令仆人挑着随行。宋人《春游晚归图》中就画有挑夫挑箱子的情节。

◇ 橱

两晋时，将一种前面有门、用来存放物品的家具叫做"厨"。有人认为厨是由汉代的几发展而来的，依据是山东沂南汉画像石中的双层叠置的几就是专门用来存放东西的。以后，多层叠置的几演变成架格，之后又在架格的左右和后面装上围板，前面安上柜门，就形成了橱的基本形制。

在席地而坐的时代，橱的高度大约不足1米，面板上还可放置物品。

在高型家具流行时，橱的高度又增加了，成为立柜了。明末方以智在《通雅·杂用》卷三十四中说："今之立柜，古之阁也。"《补笔谈》："大夫七十而有阁。天子之格左达五、右达五。阁者，板格以庋膳羞者，正是今之立柜。今吴人谓立柜为厨者，原起于此。以其贮食物也，故谓之厨。"

◆ 清式小柜橱（现代）

◆ 清式橱（现代）

◆ 小柜橱（清代）

＞ 明式橱、柜

　　明代的橱和柜，都是用来存放物品的大型家具。一般认为，橱比柜小些，宽度大于高度，顶部采用面板结构，面板和柜门是主要看面，既可当案来用，又可存放物品。柜的体积高大，特点是高度大于宽度，柜顶上没有面板结构，柜门是主要看面，开两门，柜内装樘板数层。两扇柜门中间有立栓，柜门和立栓上装有铜饰件，可以上锁，为居室中必备的家具。但有的柜与橱在形制上区别不大，有人叫橱，也有人叫柜，这其实是人们的习惯叫法。

　　还有一种具有柜和橱两种功能的家具，叫柜橱，形体不大，高度相当于桌案，柜上的面板可作桌面使用。面板下安有抽屉，在抽屉下安有两扇对开的柜门，内装樘板，分为上、下两层，门上有铜质饰件，可以上锁。

　　除此形式外，还有一种不带侧脚收分的柜橱。这种柜橱四条腿全用方料，柜面四角与四条腿的外角平直，高度与桌案大体相同。

　　明式柜有架格、亮格柜、圆角柜、方角柜等几种。

◆ 明式小柜橱（现代）

◆ 漆木橱（现代）

◆ 箱架橱（明代 榉木）

◇ 架格

架格是一种没有门、有隔层的高型家具，结构、尺寸与柜相似，后背有不装板的，有的装板，也有的设抽屉。每层的后、左、右三面设栏杆似的装置（也有不设栏杆的），而在左、右或左、右、前三面安券口。有的架格在后背安装透棂，或三面安装透棂，多用于存放食物。

◆ 黄花梨木品字栏杆架格（明代）

◇ 亮格柜

亮格柜是陈设在厅堂或书房中的家具，把亮格和柜子的结构综合在一起，亮格在上、柜子在下，亮格有一层，也有双层的，用于陈设古董玩器。下部做成柜子，用于存放书籍。

还有一种上为亮格、中为柜子、下为矮儿的，老北京人叫"万历柜"。

◇ 圆角柜

圆角柜俗称"面条柜"，是明式家具典型式样之一。圆角柜的柜顶有"帽子"——即柜顶上要附加一周向前面和两个侧面探出的木檐。"帽子"用较大的木材制成，转角处做成圆角形，作用是

◆ 明式亮阁柜（现代）

增加柜子上部的强度，也便于安装柜门的门轴。

有的圆角柜，两扇门之间不设闩杆，称为"硬挤门"。有的圆角柜，两扇门之间设有闩杆，要锁柜门时，可将两扇柜门用闩杆锁在一起。

有的圆角柜还设有柜膛，一般把柜膛设在门扇以下、底枨以上，以便收藏贵重的物品。但较小的圆角柜，不设柜膛，柜门下缘与柜底平齐。

柜门的装板有不同做法，或用整块薄板，或分段装成，据抹头的根数来定名。如门板分四段，共用五根抹头，名曰"五抹门"。

◆ 圆角柜（明代）

◇ 四扇门圆角柜

这类柜外形与两门圆角柜基本相同，只是宽度大一些。靠两边的两扇门不能开启，但必要时可以摘下来。它是在柜门的上、下两边做出通槽，在门框的上、下两边钉上与门边通槽相吻合的木条。上门时把门边通槽对准木条向里一推，上、下两道木条便牢固地卡住门边。中间两门的做法与两扇门柜的做法相同。

◇ 方角柜

这种柜的顶部没有柜帽，因四角见方而得名，古称"一封书式"，也就是说这种柜的外表很像有函套的线装书，是明式家具典型式样之一。腿足垂直，无侧脚，柜门有加闩杆和不加闩杆两种做法。

◆ 明式带格层圆角柜（现代）

◆ 明式圆角柜（现代）

◆ 紫檀木雕云龙纹大角方柜（清代）

◇ 顶箱立柜

在方角柜上再加一个等宽的顶箱，便是顶箱立柜。因这种柜子是成对陈设摆放的，故又名"四件柜"。四件柜没有固定的规格，大的高达三四米，置之高堂之内，小的可放在炕上使用。在明清两代传世家具中，这种柜子的数量较多，宫廷、贵族和民间乡绅的家中都有使用，视房屋的高矮而定。

◇ 闷户橱

其形制与桌案很近似，高度也与桌案相仿，设有长方的面板，其上可以陈设物品，亦可当桌案来使用。面板下安有一至四个抽屉，其中，安两个抽屉的叫"连二橱"，安三个抽屉的叫"连三橱"，还有四屉的，但总称为"闷户橱"。它是因抽屉下设有"闷仓"而得名。"闷仓"是指家具表面没有设门的封闭空间，从家具外面无法取物，必须拿下抽屉，才能取物或放物。

闷户橱是明代民间最流行的家具之一，摆在内室，多用来存放细软之物。据说闷户橱又是民间嫁女时必备的嫁妆之一。送亲时，多用红头绳将各种陪嫁物系扎在闷户橱上，抬送到男方家去，故民间又称为"嫁底"。

◆ 明式顶箱立柜（现代）

◇ 藏书橱

古代书柜在用法上与现代书柜不同，现代书籍是竖着放，古代线装书，不论有无函套，都是平卧放置。

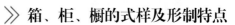
《长物志》所说："藏书橱须可容万卷，愈阔愈古。惟深仅可容一册，即阔至丈余。门必用二扇，不可用四及六。小橱以有座者为雅，四足者差俗。即用足，亦必高尺余。下用橱殿，仅宜二尺，不则两橱叠置矣。"

《遵生八笺》云："上一平板，两傍稍起，用以搁卷，下此空格盛书，傍板镂作绦环，洞间两面镩金铜滚阳线。中格左作四面板围小厨，用门启闭。镩金铜铰，极其工巧。"

◆ 藏书橱（清代）

◆ 黄花梨木提盒（明代）　　◆ 黄花梨小木箱（明代）

◆ 黄花梨木螭纹联二橱（明代）

◇ 佛橱

佛橱贵族家中供奉佛像的家具，由于是礼佛用具，做工都极为精美，也有不同的式样。

《长物志》说："用朱、黑漆，须极华整，而无脂粉气。有内府雕花者，有古漆断纹者，有日本制者，俱自然古雅。近有以断纹器凑成者，若制作不俗，亦自可用。"

◆ 神龛（清代）

◇ 陈设橱

陈设橱是专门用于收藏小巧的用具和陈设古玩的小橱，也有许多式样。

《长物志》说："橱殿以空如一架者为雅。小橱有方二尺余者，以置古铜、玉小器为宜。大者用杉木为之，可辟蠹。小者以湘妃竹及豆瓣楠、赤水椤古黑漆断纹者为甲品，杂木亦具可用，但式贵去俗耳。铰钉忌用白铜，以紫铜照旧式。两头尖如梭子，不用钉钉者为佳。竹橱及小木直楞一则市肆中物，一则药室中物，俱不可用。小者有内府填漆，有日本所制，皆奇品也。经橱用朱漆，式稍方，以经册多长耳。"

◆ 陈设橱（近代）

◆ 佛橱（近代）

> 清式柜

　　清代柜类家具品种有所增加，风格也与明式大不相同，但主要区别是在雕刻装饰上。

　　清式硬木柜的门扇和侧山上大多数都有华丽繁复的纹样，或是雕刻，或是镶嵌，很少有光素的。有的雕刻竟充满了整个门扇，构图密不透风。有些装饰雕刻则采用开光构图法，在柜子的门扇上有对称的满月式、梅花式、海棠式、花瓣式、委角式开光，在开光中雕刻连续的画面，如雕刻以歌颂天下升平为内容的《耕织图》。明代硬木柜门上没有纹样，或很少有雕花。

◇ 架格

　　架格是一种没有门、有数层隔板的家具，用于室内陈设物品，因用途不同而有不同的名称，专放书籍的叫"书格"。清代，架格的使用较明代普及，是书房、厅

◆ 陈设柜（近代）

堂的主要陈设之一，在式样、做工上均优于明式。

　　从式样上看，清式架格一般采用左右及后面用板封闭的做法，而明式架格大多做成四面透空式。因而明式柜格比清式架格显得亮丽大方。

　　在清代后期，由于西式家具的渐次流行，以及玻璃的引进，出现了安装玻璃门

和洋式锁的架格，即陈设柜。陈设柜的
特点是进深较浅，上部三面安装玻璃，
下部为对开木门，两侧山均用木板封
闭，陈设在厅堂之内。

◇ 四件柜

四件柜又叫顶箱立柜，因是成对摆
放的，故名。清式四件柜尺寸较大。由
于紫檀料缺乏，常用白木制作大柜而表
面贴紫檀木料。

◆ 架格（现代）

◆ 紫檀木雕云龙纹小四件柜（清代）

◆ 清式雕龙纹衣柜（现代）

◇ 立柜

立柜，即用来贮藏物品的立式木柜。立柜上方一般没有柜帽，四个角都为直角，且柜体上下垂直，柜门采用明合页连接。

故宫坤宁宫花梨木大立柜由七件组成。底柜之上装三层顶柜，为组合方便，每层顶柜由两个柜子并排拼合而成。底柜高223厘米，顶柜每层98.5厘米，合计总高度达518.5厘米。最上层顶柜紧贴屋顶天花板。

该柜用料粗壮，柜门云纹开光，刻成较深的海水江崖和云龙纹图案浮雕。柜身两侧的做法与正面相同。柜门装铜饰件，饰以铜板錾刻而成的双龙戏珠图案。吊牌饰夔凤纹，合页的做工和纹饰也与正中铜面页一样，只是略小。四足饰铜套足，錾刻云龙纹图案，用以保护四腿，使之不致因挪动而伤及木料。柜内装樘板两层，存贮坤宁宫祭神时所用各种器具。顶柜由于太高，一般不用。

据《造办处活计库各作成做活计清档》记载："（乾隆七年）正月初三日，太监高玉传旨，坤宁宫丹墀下东西两边各盖板房三间，坤宁宫殿内隔断板墙门，往南分中开，西山墙柱上，用木板补平，下砌坎墙，祖宗口袋挪于天花板分中安挂，其挪移日期，于三月内敬神后，请旨收拾。南北安设之大柜，照样做花梨木雕龙柜一对，弓箱亦照样做花梨木雕龙弓箱一座。要与炕取齐。其柜与弓箱外围碎小花纹不必雕作，钦此。"

"本年九月二十七日，催总王十八将做得花梨木大柜一对，随钥匙袋锁钥持进安讫。于本年九月二十八日，太监高玉传旨，将坤宁宫持出黑漆弓箱着交器皿库收贮，钦此。"

从以上记载可知这对花梨木大柜从奉旨制作到最后完工，前后经历了九个月的时间。从乾隆七年（1742）九月二十七安放之日起，到现在已度过270余春秋。这对柜子一直陈放在这里，谁也没有挪动过它。

◇ 书画柜

书画柜是专门盛放卷轴书画的柜子，属文房用具，一般尺寸不大，做工很精，有的书画柜采用多抽屉式。

◇ 亮格柜

清式亮格柜的式样较多，特点是亮格层多、券口牙子多、抽屉多、雕刻多。隔板一般用漆艺、漆画，还有用镶嵌景泰蓝装饰片的。

◆ 书画柜（清代）

◇ 炕柜

炕柜是一种尺寸较小的圆角柜，高约二尺，因摆放在土炕上使用，故名。由于土炕大小不同，炕柜依炕的大小而制作，所以尺寸也不相同。

清代满族喜用炕柜，故清代宫廷中也有炕柜。

◇ 多宝格

多宝格又叫"什锦格"或"博古格"，是架格类家具中的一种，特点是将架格的空间分割成大小不同、高低错落的多层小格，专门用于陈放文玩古器。多宝格在清代雍正年间极为流行，但式样与明代稍有不同。

明式多宝格大多做成四面透空，而清式多宝格则将左右及后面用板封闭，还在抽屉上雕刻繁琐的花纹，有的花纹带有明

◆ 亮格柜（现代）

◆ 炕柜（清代）

◆ 黄花梨小多宝格（清代）

◆ 清式小多宝格（现代）

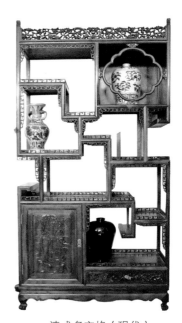

◆ 清式多宝格（现代）

显的西洋装饰风格。

多宝格大部分见于宫廷或官府，民间大户人家也有使用。它兼有贮藏和陈设的双重作用，但主要是陈设之用。之所以被称为"多宝格"，不仅是由于其多格的造型结构，还由于格层有大小短长之变化，每件珍宝都占据一格，多件宝物聚集一起的缘故。

◆ 紫檀木仿竹节雕鸟纹多宝格（清代）

◇ 小型陈设柜

这是一种与大家具式样相同，但形制小巧，常采用特种工艺进行装饰的小柜。这种小柜在故宫藏品中占一定数量，质地有紫檀、花梨等各种硬木，有素漆、彩漆、雕漆、贴黄、贴竹丝及镶嵌各种质地的装饰图案等，多陈设在内宫寝室的条案之上，用来收藏小巧的用具或精制小巧的古玩。

清代乾隆年间制作的贴黄提梁小柜，高30.4厘米，宽26.9厘米，进深13.3厘米。柜体采用一方角柜式样。上沿饰卧式莲花纹（俗称"巴达马"），正顶安铜提环，正面柜门安錾花镀金铜面叶、吊牌、合页。柜身四面满贴竹黄（贴黄是选用竹子青皮之下的黄色竹肉部位，经煮处理后，分成小块，粘贴到木制胎上，制成器物。贴黄有光素和镂刻花纹等种类），做工十分精细。

≫ 屏风的式样及形制特点

　　屏风是一种古老的家具，有分隔室内空间、挡风、屏蔽视线、装饰等诸多用途，在实际生活中用途很广。正因为屏风的用途很多，所以用各种不同的工艺制作的屏风也层出不穷。其中，有一类是挂在墙上或摆放在桌上的工艺屏风，没有屏风的实用功能，但做工精细，强调屏面图案的艺术性，题材丰富多彩，是明清时期流行的高级陈设品。

＞屏风的沿革与发展

屏风是一种古老的家具，《物原》说："夏禹作屏。"此说没有出土实物印证。据史书记载，西周初期，周天子使用一种名为"邸"或"扆"的家具。《周礼·掌次》："设皇邸。"汉代人郑玄注："邸，后板也。"是说，周天子所用屏风，是立在座位后面的大方木板，上面画有斧纹或彩绘的凤凰。此后，"扆"或"扆座"便成为专指设在帝王座后的屏风，一直沿用到明清。

但屏风不独为帝王专用，官员和民间也广泛使用。汉代时，放在茵席、床榻周围的屏风，是由多扇单屏连接而成的曲屏，有两面围和三面围的方法。辽阳棒台子屯汉墓壁画中的屏风，共三扇，有两扇放在榻的后面，另一扇围在榻的一个侧面。山东诸城汉墓画像石中的屏风，是三面围住床榻或茵褥。

◆ 《列女图》中的围屏（东晋）

◆ 木雕漆彩座屏（清代）

◆ 刻漆台屏《姑苏繁华图》（现代）

长沙马王堆出土的汉代漆屏风，屏身黑面朱背，正面用油漆彩画云龙图案。龙纹绿身朱鳞，体态生动自然。背面朱地上满绘浅绿色菱形几何纹，中心系一谷纹圆璧。屏板四周围以较宽的菱形彩边，在下面的边框上安有两个带槽口的承托。

自从纸发明后，屏风心多改用纸糊。做法是先用木做框，然后在两面糊纸，上面画各种仙人异兽等。这种屏风比较轻便，收存使用都很方便。从顾恺之所画《列女图》中可以看到东晋时屏风，是两面都绘通景山水画，多联折屏，无底座，只要打开一扇，即可直立于地。

◇ 工艺屏风

在春秋战国时期，不仅出现了胡床屏、枕屏等小巧之物，还有专门用于室内陈设玩赏的小座屏。如湖北望山战国墓出土的漆座屏，屏采用木雕漆彩做法，高15厘米，长51.8厘米，屏框内有透雕的凤、雀、鹿、蛙、蛇等大小动物51个，雕刻技巧

◆ 六扇漆器镶嵌屏风（现代）

◆ 六扇漆器镶嵌屏风上的嵌饰（现代）

和工艺水平之高，实在令人惊叹。屏座由数条蛇屈曲盘绕，形象生动，加上彩漆装饰，更为妙趣横生。

　　在魏晋南北朝时期，工艺屏风开始向多联发展。晋《东宫旧事》云："皇太子纳妃有床上屏风十二牒，银钩钮；梳头屏风二十四牒，地屏风十四牒，铜环钮。"南朝宋《元嘉起居注》："十六年，御史中丞刘桢奏，风闻前广州刺史韦郎于广州所作银涂漆屏风二十三床，又绿沉屏风一床。"东汉郭宪《洞冥记》载："上起神明台，上有金床象席，杂玉为龟甲屏风。"晋崔豹《古今注》载："孙亮作琉璃屏风，镂作瑞应图一百二十种。"

　　五代时后蜀孟知祥晚年"设画屏七十张，关百纽而合之，号曰'屏宫'"。

◇ 床上屏风

这是一种小型屏风，做工精致。晋《东宫旧事》记载："皇太子纳妃有床上屏风十二牒，银钩钮；梳头屏风二十四牒，地屏风十四牒，铜环钮。"

灯屏：一种专为灯盏遮风的小屏风。它不仅可以防止灯火被风吹灭，同时可用以控制灯光的方向。

玉屏风：以玉石作装饰的屏风。汉刘歆《西京杂记》曰："君王凭玉几，倚玉屏。"

雕镂屏风：一种透雕各种纹样或图案的屏风。1965年湖北江陵望山一号战国楚墓出土的彩漆木雕座屏即是典型的实例。

琉璃屏风：琉璃，即一种带颜色的低温玻璃，色泽似玉。《魏略》载："大秦国出青、白、黑、黄、赤、绿、绀、缥、红、紫十种琉璃。"唐代称其为琉璃。用琉璃装饰的屏风则称琉璃屏风。《汉武故事》载："上起神屋……扇屏悉以白琉璃

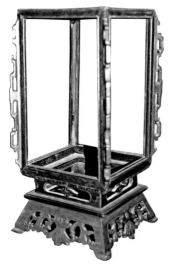

◆ 灯屏（明代）

◆ 玉屏风（近代）

◆ 绣屏（现代）

◆ 透雕屏风局部（清代）

作之，光照洞彻。"陆龟蒙《小名录》载："吴主孙亮有四姬，为作绿琉璃屏风，甚薄而彻，每月下清夜舒之，使四姬坐屏风内，而外望之如无隔。"

绨素屏风：绨是一种较厚的丝织品，平滑而有光泽。糊有绨的屏风被称之为绨屏，为帝王所专用。这种屏风表面不易描绘花纹，所以又称绨素屏风。《三国志·魏志》曰："太祖平柳城，班所获器物，特以素屏风、素冯几赐玠。"

> 明清屏风

明清屏风有落地屏风和带座屏风两大类。

落地屏风是多扇折叠屏风，也叫软屏风。多为双数，最少两扇至四扇，最多可达数十扇。

带座屏风是把屏风插在底座上，也叫硬屏风。带座屏风多为单数，三、五、七、九不等。每扇屏风之间用走马销衔接，下边框两侧有腿，插入底座的孔中。边有站牙，屏顶有雕花屏帽装饰，更加强了屏风的坚固性。

硬屏风有木雕、嵌石、嵌玉、彩漆、雕漆等工艺。软屏风也有上述做工，多为炕屏、桌屏等小型屏风，大者多以木做框，两面用锦或纸裱糊，描画山水、人物、

◆ 清式带座屏风（现代）

鸟兽等图画。也有以锦作边，屏心刺绣花纹的。一般前者较重，后者较轻。

带座屏风多陈设在居室正中的主要位置，而且相对固定。在宫廷中，这种屏风多设在正殿明间，前设宝座、条案、香筒、宫扇等。由于后面屏风挡住了人们的视线，因而突出了屏前陈设品，形成一种庄严肃穆的气氛。

◆ 嵌云白石屏风（现代）

◇ 折叠屏风

因是多扇并连且可以折叠，所以扇与扇之间采用挂钩的形式，使之能来回扭动。也有用锦连接的，也可以折叠。不需要另安底座，只要把每扇屏风稍微弯曲，即可直立。故可长可短，可曲可直，临时陈设极为方便。

◇ 插屏

插屏是带座屏风的一种，多为独扇，由底座和屏框两部分组成。它的底座和多扇屏底座不同，是在两个纵向木墩上各竖一立柱，两柱之间用两道横枨连接。两墩中间前、后两面镶雕花披水牙子，两横枨中间镶雕花绦环板。立柱前、后两面立站牙，立柱顶端与绦环板上的横枨之间要留出一定距离，并在内侧挖出凹槽，屏框两竖边正好插入凹槽里。这类插屏有大有小，大者多设在室内当门之处。根据房间和门口的大小，来确定插屏的尺寸。它既起遮蔽作用，又使人一进门便觉赏心悦目。此类插屏以双面为好，在室内休息时它也起着陈设品的作用。如果画面是山水、

◆ 折叠屏风（现代）

◆ 灵芝八仙地屏（清代 红木）

风景内容，则更为美观。木雕作品也以山水风景为佳。由于画面层次分明、由远及近，虽置身室内，却能起到开阔视野、消除疲劳的效果，给人一种舒畅的感受。

◇ 座屏

座屏多为大型屏风，因屏下设有承放屏心的底座而得名，有单扇、多扇两类，形制较大，不易挪动。陈设方式有两种：一是陈设在室内主要座位的后面，另一种是陈设在室内进门处。

单扇座屏因为屏心插放在屏座上，故又叫"插屏式"。屏心上有装饰，或是吉语，或是雕刻，或工艺装饰画。屏座是有雕花装饰的座架，式样很多，没有固定尺寸，主要依用途而定。当门而设的插屏，宽逾两米，高逾三米，主要是装饰品，也有间隔用途。

自清代中期起，广州人将从外国进口的镀水银玻璃砖镜安装在插屏座中，形成了穿衣镜。由于镀水银玻璃砖镜在当时是珍稀之物，所以镀水银玻璃砖镜插屏在清

◆ 黄花梨木插屏式小座屏风（明代）　　◆ 紫檀木嵌木画插屏式座屏风（清代）

代也是高档时髦的家具，只有宫廷、王府才有，是清代的一种新式家具。

多扇座屏，一般为单数，如三扇屏、五扇屏，最豪华的有七扇屏和九扇屏。中间一扇最大，是主扇，两侧均为小扇，上有扇帽，下有八字形须弥座，一般安放在室内正中的位置。其中，三扇屏叫"山字式"，五扇屏叫"五扇式"。多扇座屏不论是三扇屏、五扇屏，均以中间一扇最大，两侧对称。

在清代宫廷中，正殿明间都陈设一组屏风，屏风前配以宝座、香儿、宫扇、仙鹤、烛台等，是皇宫中特定的陈设形式。

清代雍正时期出现了一种名为"半出腿"的座屏。为了搁放平稳，屏风的腿伸出很长，故名"出腿"。"半出腿"是将位于屏后的半个"出腿"省略了，只保留了前面的半个"出腿"，使座屏能依壁摆放。

◇ 折屏

由两扇到十几扇（偶数）大小一样的屏扇组成，每扇都有木框制的大边，并都有足，扇与扇之间用铜合页相连，可以随时拆开。摆放时，扇与扇之间形成一定的角度，便可摆立在地上。折屏为临时性陈设，摆放位置随意，也有隔断室内空间的用途。

◆ 折屏（现代）

◇ 炕屏

炕屏是典型的清式家具。由于木炕的流行，出现了炕屏。因是放在炕上使用的，尺寸较小。

◇ 挂屏

明代末期出现了一种悬挂在墙壁上的屏风，单扇，无座无脚，形制较简单，多为一框式，与其他家具配套使用，相当于工艺装饰画，是纯装饰品。

挂屏一般成对或成组使用，也有中间挂中堂，两边各挂一副对联或一对挂屏的。清代风行一时，在宫廷后妃居住的寝宫里处处可见。

◆ 挂屏（现代）

◆ 挂屏（现代）

◆ 挂屏（现代）

◇ 镜屏

　　另有一类放在案头的小屏，专供陈设欣赏之用，叫"镜屏"。做工精美小巧，式样有插屏和围屏两种，属于文房清供之类，似不属于家具。

◆ 台屏（清代 红木）

≫ 架具类家具的式样及形制特点

　　架具类家具主要有衣架、巾架、盆架、灯架、镜架几种。这几种架具都是历史悠久的实用家具，在形制结构上都有自己的特点。从明代起，架具类家具进入陈设艺术的阶段，选材考究，做工精细，而且与室内的整体布局融为一体，成为家具中的亮点。

> 衣架的沿革与发展

衣架起源于春秋时期，式样有竖式和横式两类，名称也不同。竖式衣架，古代叫"楎"。《礼记·内则》："男女不同椸架，不敢悬于夫之楎架。"

宋代时，衣架的使用较前代普遍，实物虽未见出土，但有形象资料印证。如：郑州南关外北宋砖室墓墓壁砖雕明器中，有一衣架，中间有两道横枨，横枨之间加三个矮老。上横杆两头微向上翘。由于这种衣架式样在考古中经常发现，可知是宋代流行的衣架式样。

明代时，衣架的造型和前代没有实质差别，但在用材、制作和装饰等工艺有很大提高，具有造型典雅、装饰精致、漆色光亮等特点。

清代时，朝廷实行"易服"政策，所着的满人服装体积大、份量重。因此，清代的衣架具有华丽、端庄、高大的独特特点。清代衣架主要挂置男性官宦的官服，故又称"朝服架"。朝服架的主梁多雕有"福"、"禄"、"寿"等图案，象征着官运亨通。

> 盆架的沿革与发展

盆架是用来承托盆类容器的架子，多为圆形和六角形。圆形者多为五足，六角形者多为六足。一般是面板中央挖一个圆洞，用以放盆。腿足用彭牙三弯腿，有的在腿间加枨子。

盆架的形象资料，宋代以前还未见到。从宋代开始，屡有发现。如河南禹县宋墓壁画《梳妆图》中的盆架，为彭牙三弯式腿，腿间有横枨连接。山东高唐金代虞寅墓壁画《侍女图》中的盆架呈六角形，周围饰木雕花板，足端向外翻卷并做出浪花式，腿间还有横枨。山西大同金代阎德源墓出土的木盆架，也是六角形，周围装六块镂空万字纹围板，面上挖出圆洞用以坐盆，下部形制与虞寅墓壁画盆架大体相似。

> 明式架

◇ 衣架

明代衣架有一定数量的传世品。一般是在两个木座上装配一个立柱，立柱下部用站牙挟扶，柱间用连杆连接，最上一横杆两头出挑，雕有如意云头、云龙首、凤头等，特别讲究的衣架还嵌有做工精美的中牌子。

举明代黄花梨凤纹衣架为例。此底坐横176厘米，纵47.5厘米，架高168.5厘米，通体用花梨木制成。下端以两块木墩子做足，里外两面浮雕回纹，墩上装配

◆ 黄花梨凤纹衣架（明代）

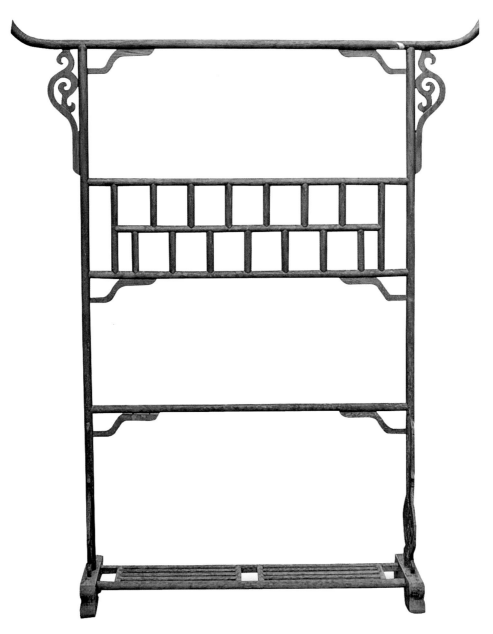

◆ 明式衣架（明代 榉木）

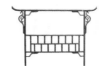

◆ 挂衣架（明代）

一根立柱，立柱的下部用两个镂雕卷草花站牙前后两面顶夹。站牙上部和下部用榫与立柱和座墩连接，两墩安装用小块木料攒接的棂格。由于棂格具有一定的宽度，故可以摆放鞋履等物。棂格之上装有一根横枨，再上装有由三块透雕凤纹绦环板构成的中牌子。图案雕刻整齐优美。最上的横梁，两端出头，顶端用立体圆雕手法雕出花叶。各个横材与立柱结合部一侧都有透雕拐子回纹花牙承托。整个器物，从选材、设计、雕刻制作，都达到了很高的艺术水平，堪称明式家具中的上等精品。

◇ **巾架**

巾架的形式和做法与衣架基本相同，唯上、下横梁较短，两立柱间的距离较近。巾架常放在盆架旁边，与盆架组合使用，主要用于挂毛巾，故名。在上海明代潘氏墓出土的明器中，有这类家具。巾架如放在内室，亦可用来挂衣，只是横梁较短，只能供单人使用。

◇ **盆架**

盆架是专门放洗脸盆的架子，有三足、四足、五足、六足等不同形制。足的

◆ 明式脸盆架（现代）

◆ 圆形盆架（明代）

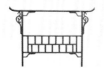

形状有直式、弯式两类。直足的上端一般雕有净瓶头、莲花头、坐狮等。

其中，六足盆架不用面板，而用两组"米"字形横枨分别连接六根立柱。立柱顶端雕刻圆珠，盆底直接坐在上层横枨上。六条立柱好似栏杆望柱，起围挡盆腹的作用。这种盆架以直腿的居多，曲腿的很少见。六足式面盆架有些是可以折叠的，结构和古代的鼓架十分相似。不用时可以折叠合拢，便于挪动和存放。

还有一种圆形盆架，结构造型与圆形花几相似，只是在面板中央挖一个圆洞，以便于搁放洗脸盆。这是一种做工非常讲究的脸盆架。

◇ 挂巾面盆架

挂巾面盆架是一种将盆架与巾架结合在一起的家具。下部盆架部分的做法与直腿盆架基本相同，唯有两条立柱与上部巾架系一木贯通，中间装一块中牌子。最顶端的横梁与巾架做法相同，两端雕刻成灵芝或龙头等装饰。中牌子大多镂雕或浮雕、镶嵌各种图案。有的在中牌子下安有一稍宽的横板，可以放置皂盒等梳妆用具。这种盆架多直形六腿，在前部四柱的顶端，雕出圆珠或坐狮等装饰，更增加了器物的装饰性。

◆ 黄花梨木高面盆架（明代）

◇ 落地灯架

这是用来放油灯或蜡烛的高形架子，底座直接放在地面上，陈设很方便。结构上有升降式和固定式两类，式样较多。其中升降式灯架可以调节灯盏、蜡烛的高度，又叫"满堂红"。

◇ 镜架

镜架是专门用来支架铜镜的架子，形状、结构像缩小的交椅，可以将铜镜斜靠在其上，工艺十分精巧，也有人称之为交椅式镜架。

◆ 明式灯架（现代）

◆ 黄花梨木折叠式镜架（明代）

◆ 黄花梨雕花鸟纹镜架（清代）

≫ 天然木家具的式样及形制特点

天然木家具又称"树根家具"，是依据树根、古藤、瘿木的天然形状，剥除树皮、去掉糟朽后，借其长势和形态，做一些必要的修整，使之具有桌、椅、凳、架、几之类的器用功能。在一些部位上还采用根雕技法，因势借形，做出一些宛若天然长成的动植物形态，妙在似与不似之间。天然木家具品类众多，没有固定的式样，变化无穷，其审美趣味就在于田园情趣，品位高雅。

＞ 天然木根插屏边座

天然木家具出现时间较早，明代时才真正受到赏识，成为一种名贵的家具。清代时，天然木家具更是风行一时，不少文人画家还作了专门的著录，并把此类家具绘入画中。在苏州园林、北京颐和园、北京故宫博物院都可以见到天然木家具，是清式家具的一种重要品类。

一般来说，插屏的边座是在两个纵向木墩上各竖一立柱，两柱之间用两道横枨连接，立柱与横杖之间有一凹槽，用来安装屏心。两墩中间前后两面镶披水牙子，两横枨中间镶绦环板，多经雕花装饰。

北京故宫博物院收藏有一座清乾隆时期的嵌玉石人物双面插屏，是献给清代帝王的祝寿贡礼，屏心为玉石镶嵌的会昌九老图。此屏风的边座选用天然木根，不需安镶立柱与横杖，其天然的纹理也不需过多的雕镂装饰，可谓浑然天成，形态十分古朴高雅。

◆ 天然木根插屏边座

≫ 附录：其他明清家具图片欣赏

◆ 明式扶手椅（明代）红木

◆ 屏风椅（清代）红木

◆ 屏风椅（清代）楠木

◆ 躺椅（清代）红木

◆ 小姐椅（清代）鸡翅木

◆ 冲天灵芝太师椅（清代）红木

◆ 笔杆椅（清代）红木　　　　　◆ 广式躺椅（清代）红木　　　　　◆ 六角台椅子（清代）红木

◆ 明式南官帽椅（明代）红木　　　　　　◆ 单靠笔杆椅（清代）榉木

◆ 雕蝙蝠圆凳（清代）红木

◆ 广式小方凳（明代）红木

◆ 广式小方凳（清代）红木

◆ 搁台（清代）红木

◆ 六角台（清代）红木

◆ 霸王枨棋台（明代）榉木

◆ 大古董橱（清代）红木

◆ 二接橱（清代）榉木

◆ 床头柜（近代）榉木

◆ 钱柜（近代）榉木

◆ 大小头书橱（明代）榉木

◆ 方角橱（明代）榉木

◆ 明式方桌（明代）黄花梨木

◆ 雕蝙蝠拼圆桌（清代）红木

◆ 清式拼圆桌（清代）榉木

◆ 钩子方桌（清代）红木

◆ 酒桌（明代）柞木

◆ 半桌（清代）红木

◆ 画桌（清代）红木

◆ 云头钩子琴桌（清代）黑檀木

◆ 钩子方桌（清代）红木

◆ 插角麻将桌（清代）红木

◆ 竹节麻将桌（清代）红木

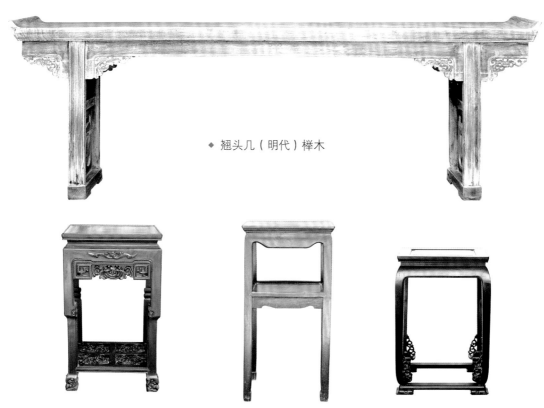

◆ 翘头几（明代）榉木

◆ 灵芝太师椅茶几（清代）红木

◆ 广式茶几（清代）红木

◆ 皇宫圈椅茶几（明代）红木

◆ 竹节茶几（明代）红木　　　◆ 笔杆椅茶几（清代）　　　◆ 单靠屏风椅茶几（清代）红木

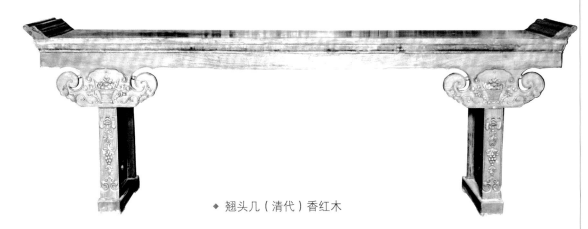

◆ 翘头几（清代）香红木

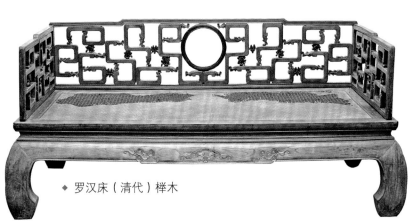

◆ 罗汉床（清代）榉木

◆ 三相硬木屏风椅茶几
（清代）红木

◆ 广式榻（清代）红木

◆ 雕花草龙地屏（清代）红木

◆ 台屏（清代）红木

◆ 平头案（明代）红木

◆ 灵芝花架（清代）红木